U0845692

编　委　会

顾　问　吴文俊　王志珍　谷超豪　朱清时

主　编　侯建国

编　委　（按姓氏笔画为序）

王　水　史济怀　叶向东　伍小平

刘　兢　刘有成　何多慧　吴　奇

张家铝　张裕恒　李曙光　杜善义

杨培东　辛厚文　陈　颙　陈　霖

陈初升　陈国良　周又元　林　间

范维澄　侯建国　俞书勤　俞昌旋

姚　新　施蕴渝　胡友秋　骆利群

徐克尊　徐冠水　徐善驾　翁征宇

郭光灿　钱逸泰　龚　昇　龚惠兴

童秉纲　舒其望　韩肇元　窦贤康

当代科学技术基础理论与前沿问题研究丛书

中国科学技术大学

校友文库

松属松脂特征与化学分类

（第二版）

Oleoresin Characteristics and Chemical Classification of Pinus

宋湛谦　著

中国科学技术大学出版社

内 容 简 介

本书作者在松属各树种的中心分布地带随机采脂，对50多个松树树种的数百个松脂样品进行了系统研究，得到了大量数据，为松属化学分类提供了依据，也为松脂深加工产品的开发提供了基础。本书可供从事松属化学分类研究和松脂化学利用的科研、生产管理人员以及大专院校师生参考。

图书在版编目(CIP)数据

松属松脂特征与化学分类/宋湛谦著. —2版. —合肥：中国科学技术大学出版社，2009.1

(当代科学技术基础理论与前沿问题研究丛书：中国科学技术大学校友库)

"十一五"国家重点图书

ISBN 978-7-312-02270-8

Ⅰ.松…　Ⅱ.宋…　Ⅲ.①松脂—植物化学—研究　②松属—植物分类学—研究　Ⅳ.Q946.86　Q949.66

中国版本图书馆CIP数据核字(2008)第173608号

出版发行　中国科学技术大学出版社

地址　安徽省合肥市金寨路96号，邮编230026

网址　http://press.ustc.edu.cn

电话　编辑部0551－3606196，发行部0551－3602909

印　　刷　合肥晓星印刷有限责任公司

经　　销　全国新华书店

开　　本　710 mm×1000 mm　1/16

印　　张　13.75

字　　数　223千

版　　次　1998年12月第1版　2009年1月第2版

印　　次　2009年1月第1次印刷

印　　数　1—1500册

定　　价　48.00元

总　序

侯建国

（中国科学技术大学校长、中国科学院院士、第三世界科学院院士）

大学最重要的功能是向社会输送人才。大学对于一个国家、民族乃至世界的重要性和贡献度，很大程度上是通过毕业生在社会各领域所取得的成就来体现的。

中国科学技术大学建校只有短短的五十年，之所以迅速成为享有较高国际声誉的著名大学之一，主要就是因为她培养出了一大批德才兼备的优秀毕业生。他们志向高远、基础扎实、综合素质高、创新能力强，在国内外科技、经济、教育等领域做出了杰出的贡献，为中国科大赢得了"科技英才的摇篮"的美誉。

2008 年 9 月，胡锦涛总书记为中国科大建校五十周年发来贺信，信中称赞说：半个世纪以来，中国科学技术大学依托中国科学院，按照全院办校、所系结合的方针，弘扬红专并进、理实交融的校风，努力推进教学和科研工作的改革创新，为党和国家培养了一大批科技人才，取得了一系列具有世界先进水平的原创性科技成果，为推动我国科教事业发展和社会主义现代化建设做出了重要贡献。

据统计，中国科大迄今已毕业的 5 万人中，已有 42 人当选中国科学院和中国工程院院士，是同期（自 1963 年以来）毕业生中当选院士数最多的高校之一。其中，本科毕业生中平均每 1000 人就产生 1 名院士和七百多名硕士、博士，比例位居全国高校之首。还有众多的中青年才俊成为我国科技、企业、教育等领域的领军人物和骨干。在历年评选的"中国青年五四奖章"获得者中，作为科技界、科技创新型企业界青年才俊代表，科大毕业生已连续多年榜上有名，获奖总人数位居全国高校前列。

鲜为人知的是，有数千名优秀毕业生踏上国防战线，为科技强军做出了重要贡献，涌现出二十多名科技将军和一大批国防科技中坚。

为反映中国科大五十年来人才培养成果，展示毕业生在科学研究中的最新进展，学校决定在建校五十周年之际，编辑出版《中国科学技术大学校友文库》，于2008年9月起陆续出书，校庆年内集中出版50种。该《文库》选题经过多轮严格的评审和论证，入选书稿学术水平高，已列为"十一五"国家重点图书出版规划。

入选作者中，有北京初创时期的毕业生，也有意气风发的少年班毕业生；有"两院"院士，也有IEEE Fellow；有海内外科研院所、大专院校的教授，也有金融、IT行业的英才；有默默奉献、矢志报国的科技将军，也有在国际前沿奋力拼搏的科研将才；有"文革"后留美学者中第一位担任美国大学系主任的青年教授，也有首批获得新中国博士学位的中年学者……在母校五十周年华诞之际，他们通过著书立说的独特方式，向母校献礼，其深情厚意，令人感佩！

近年来，学校组织了一系列关于中国科大办学成就、经验、理念和优良传统的总结与讨论。通过总结与讨论，我们更清醒地认识到，中国科大这所新中国亲手创办的新型理工科大学所肩负的历史使命和责任。我想，中国科大的创办与发展，首要的目标就是围绕国家战略需求，培养造就世界一流科学家和科技领军人才。五十年来，我们一直遵循这一目标定位，有效地探索了科教紧密结合、培养创新人才的成功之路，取得了令人瞩目的成就，也受到社会各界的广泛赞誉。

成绩属于过去，辉煌须待开创。在未来的发展中，我们依然要牢牢把握"育人是大学第一要务"的宗旨，在坚守优良传统的基础上，不断改革创新，提高教育教学质量，早日实现胡锦涛总书记对中国科大的期待：瞄准世界科技前沿，服务国家发展战略，创造性地做好教学和科研工作，努力办成世界一流的研究型大学，培养造就更多更好的创新人才，为夺取全面建设小康社会新胜利、开创中国特色社会主义事业新局面贡献更大力量。

是为序。

2008年9月

再 版 序

全世界松属树种约有100种。我国有22个种、10个变种以及30多个国外引种。在松树的树干上开割伤口,会流出粘性液体,即松脂。松脂主要由单萜、倍半萜和二萜类化合物组成,经过蒸馏可以得到松香和松节油。随着树种的不同,松脂的化学组成或含量也有所不同,而且很多树种的松脂还存在某些含量丰富的特征性组分。为了更好地利用松脂这一丰富的可再生资源,有必要全面深入地研究松属松脂的化学特征。

1961年,美国学者 Mirov N T 在其著作 *Composition of Gum Turpentines of Pines*(1961)中对77种松树的松脂中单萜类组分(松节油部分)进行了系统研究。限于当时的分析条件,他未能研究松脂中倍半萜类和二萜类化合物(松香部分)。但是他指出,如进行这方面研究,将有助于松属的进一步化学分类。国内对松属松脂的系统研究甚少。从1987年起,作者先后申请并获准了两项国家自然科学基金项目:中国松属松脂化学特征及其与分类学的关系(3870499)和松属松脂内中性物化学特征及其与分类学关系(39570577)。作者在松属各树种的中心分布地带随机采脂,对50多个松树树种的数百个松脂样品进行了系统研究,得到了大量数据,为松属化学分类提供了依据,也为松脂深加工产品的开发提供了基础。现在作者将二十年来的研究成果撰写成书,以供从事松属化学分类研究和松脂化学利用的科研、生产管理人员以及大专院校师生参考。

本研究工作得到了高级工程师刘星和高级实验师梁志勤的协作。部分样品的采集得到了中国林业科学研究院亚热带林业研究所研究员刘昭息、云南思茅地区林业科学研究所高级工程师李炽、新疆林业勘查设计院高级工程师宋芬郁、广西林业科学研究院高级工程师邓绍林、西藏林业厅工程师扎西赞吉的大力帮助。在获取国外样品时,得到俄罗斯林委采脂研究所、希腊农业科学院林业研究所 Ioannis Spanos 博士、秘鲁天主教大学 Abram A P教授、ADEFOR 组织 Charles Carton 先生和巴西 Alex Cunningham 先生的热情帮助。在此一并表示衷心感谢。

本书曾得到中国金龙松香集团公司资助，由中国林业出版社于 1998 年 12 月初次出版。值母校——中国科学技术大学五十年华诞之际，本书受到母校支持得以再版，在此表示衷心感谢。为了进一步适应国外同行的需要，再版时，作者对每章的英文摘要都进行了补充。

2008 年 2 月

地址：中国南京市锁金五村 16 号　邮编：210042

E-mail：songzq@hotmail.com

本项研究由中国国家自然科学基金资助。

Preface to the Second Edition

Among the more than 100 Pine species in the world, 22 species, 10 varieties, and approximately 30 species introduced from abroad are found in China. Oleoresin, a viscous liquid that flows from wounds cut into the trunk of pine trees, is mainly composed of monoterpenoids, sesquiterpenoids and diterpenoids. The chemical composition of oleoresins depends upon the species of pine with many species having characteristic oleoresin components. In order to better utilize this abundant and renewable resource, it is necessary to study comprehensively the chemical characteristics of oleoresins from the genus pinus.

In the 1961 publication *Composition of Gum Turpentines of Pines*, the American scientist Mirov N T systematically investigated the composition of monoterpenoids (i.e. turpentine) in oleoresins from 77 pine species. Although Mirov did not investigate sesquiterpenoids and diterpenoids (i.e. rosin) oleoresin compositions, due in part to the limited analytical methods of that time, he noted that such investigations would further assist in the chemical classification of pine species. Two projects funded by National Natural Science Foundation of China (NSFC) since 1987, *Study on chemical characteristics of gum oleoresins for Chinese pine species and their relation to taxonomy* (3870499), and *Study on chemical characteristics of neutral components in oleoresins of pine genus and their relation to taxonomy* (39570577), were the first investigations in this field. In these projects, hundreds of oleoresin samples from more than 50 species were randomly collected from the central regions of each genus pinus distribution and their chemical compositions were systematically investigated. The data obtained from these projects provided information on the chemotaxonomy of genus pinus as well as a foundation for developing modified oleoresin products. In this book, the author summarizes the results from over 20-years research in this field and provides references to researchers, administrators, teachers, and students who are interested in the field of genus pinus chemotaxonomy and chemical utilization of oleoresins.

This research was carried out in cooperation with senior engineer Liu Xing and senior experimenter Liang Zhiqin. The author sincerely thanks the following people for their help in collecting oleoresin samples: professor Liu Shaoxi at the Institute of Tropical Forestry (CAF), senior engineer Li Zhi at the Institute of Forestry Science in Yunnan Simao, senior engineer Song Fenyu at the Xinjiang Forestry Reconnaissance and Design Institute, senior engineer Deng Shaolin at the Guangxi Forestry Research Institute, and engineer Zhaxi Zhande at the Forestry Bureau of Tibet. Further, the following institutions and persons are acknowledged for their oleoresin samples from abroad: the Institute of Pine Oleoresin Extraction of Russia, Dr. Inannis Spanos at the Forestry and Agricultural Academy of Greece, Professor Abram A. P. at the Catholic University of Peru, Mr. Charles Carton of the ADEFOR group, and Alex Cunningham of Brazil.

This book was financially supported by the China Golden Dragon Rosin Company and was first published by the China Forestry Publishing House in December of 1998. Finally, the author wishes to express his deepest gratitude to the University of Science and Technology of China whose financial support allowed the printing of this edition. The English abstracts in each chapter are supplemented in this republication in order to satisfy the requirement of friends from abroad.

Zhanqian Song

2008.2

Address: Suojin wucun 16#, Nanjing 210042, China

E-mail: songzq@hotmail.com

目　次

Contents

绪　论

松属为世界上木材和松脂生产的主要树种，广泛分布于北半球。在欧亚大陆，西起欧洲西部(18°W)，经南欧、东欧、西伯利亚，东至远东沿海(141°E)；自北极地区(72°N)，南达地中海南部和北非(33°N)，亚洲最南部至苏门答腊北(2°6′S)。在北美，西起阿拉斯加(137°W)，东至北美东部沿海(62°W)；自加拿大西北部(65°N)，南达加勒比海地区(12°45′N)。南半球没有松树的自然分布，但是，经过人工引种栽培，在南美洲、大洋洲和非洲地区，松树也已经逐渐成为重要的造林树种之一(图1)。松属树种适应性强，生长迅速，育苗造林易，成材早，材质好，富含松脂，用途广泛。全世界松属树种约100余种。

松属是中国分布最广的乔木树种，全国各省区都有分布。松林面积约2500万 hm^2(表1)。据《中国植物志》记载，中国松树有22种、10变种；引种栽培16种、2变种。近年来，又陆续引种国外优良树种。据不完全统计，中国引种国外松已超过30种。

马尾松是中国分布最广的松属树种。自江苏、安徽、河南、陕西以南，包括长江中下游各省区，南达福建、广东、台湾，西至四川、贵州、云南等都有马尾松分布(图2)。华山松分布于宁夏、山西、河南、陕西、甘肃、湖北及云贵川等省区(图3)。油松分布于吉林、辽宁、河北、河南、山东，经华北至西北地区(图4)。白皮松分布于山西、河南、陕西、甘肃、四川、湖北等地(图5)。在中国东北地区，有红松(图6)、偃松、赤松、兴凯湖松、樟子松、长白松等；西南地区有云南松(图4)、思茅松、高山松、乔松、毛枝五针松等；华南地区有华南五针松、海南五针松、大明松、南亚松、雅加松等；华东地区有黄山松

(图 7)等。另外,在安徽、湖北的大别山区有大别山五针松;在湖北、四川和陕西的大巴山区有巴山松;在西藏有西藏白皮松和西藏长叶松;在新疆有新疆五针松;在台湾有台湾五针松、台湾果松。在众多的松属树种中,有 11 种为中国特有树种,它们是大别山五针松、海南五针松、华南五针松、台湾五针松、台湾果松、毛枝五针松、白皮松、高山松、巴山松、油松、黄山松等。

表 1 中国松林资源状况

Table 1 The present situation of pine resources in China

省 (区) Provinces(Autonomous region)	松林面积(10^4 hm^2) Pine area
广东 Guangdong	413
广西 Guangxi	341
云南 Yunnan	473
福建 Fujian	317
江西 Jiangxi	372
湖南 Hunan	165
湖北 Hubei	218
浙江 Zhejiang	179
山西 Shanxi	46

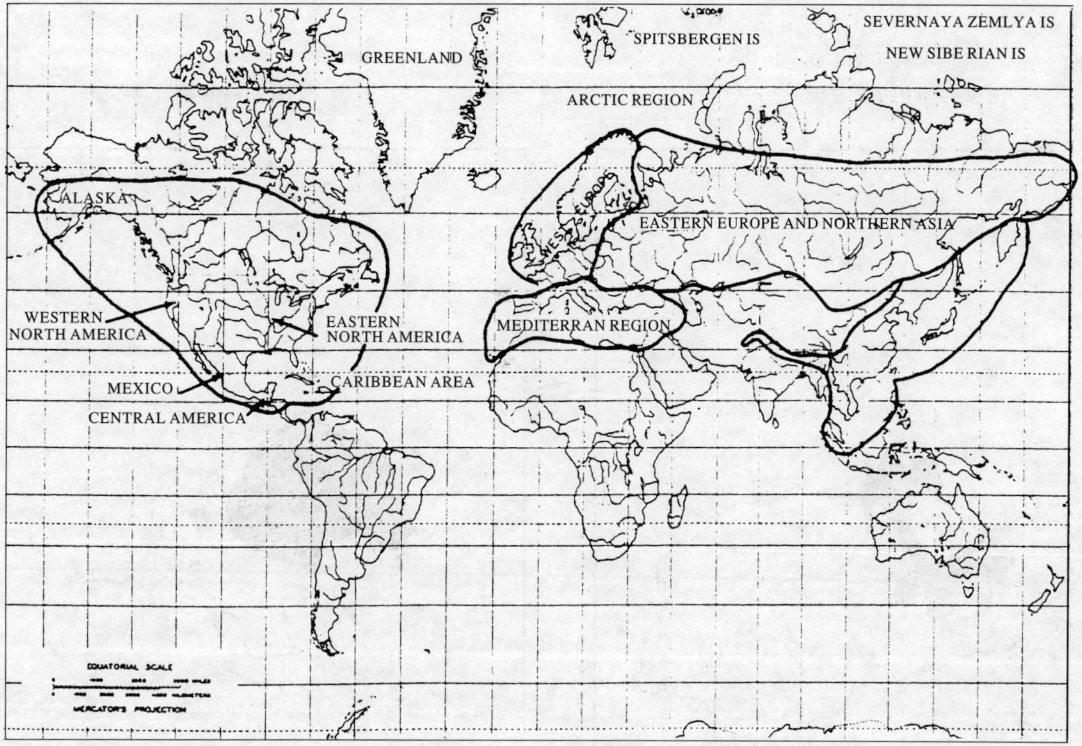

图 1 世界松种分布图

Fig. 1 Distribution of Pinus Species of the World

(From *Geographic distribution of the pine of the world*)

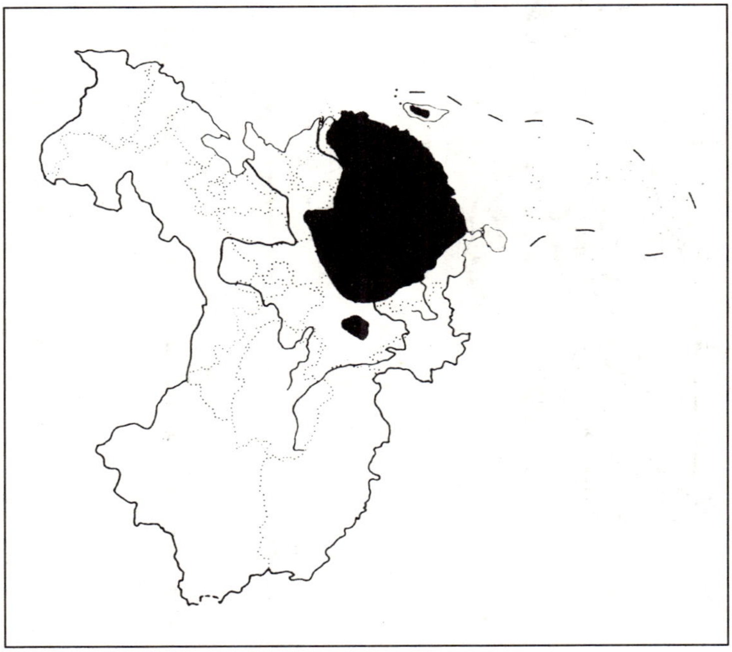

图 2 马尾松分布图

Fig. 2 Distribution of *Pinus massoniana*

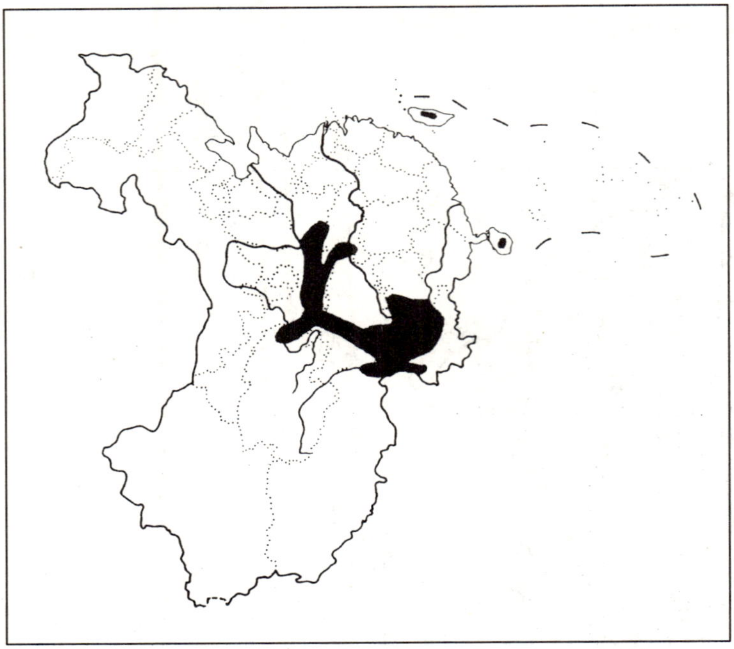

图 3 华山松分布图

Fig. 3 Distribution of *Pinus armandi*

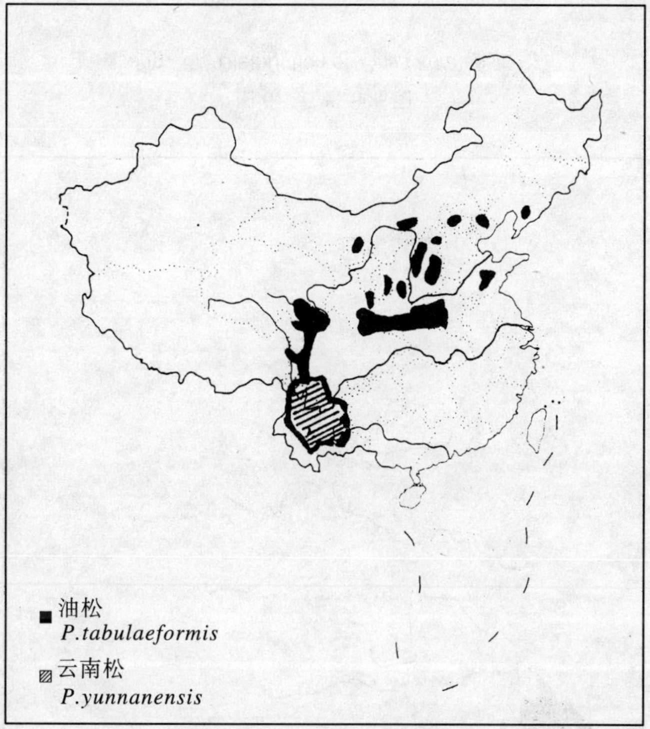

图4 油松、云南松分布图

Fig. 4 Distribution of *Pinus tabulaeformis* and *Pinus yunnanensis*

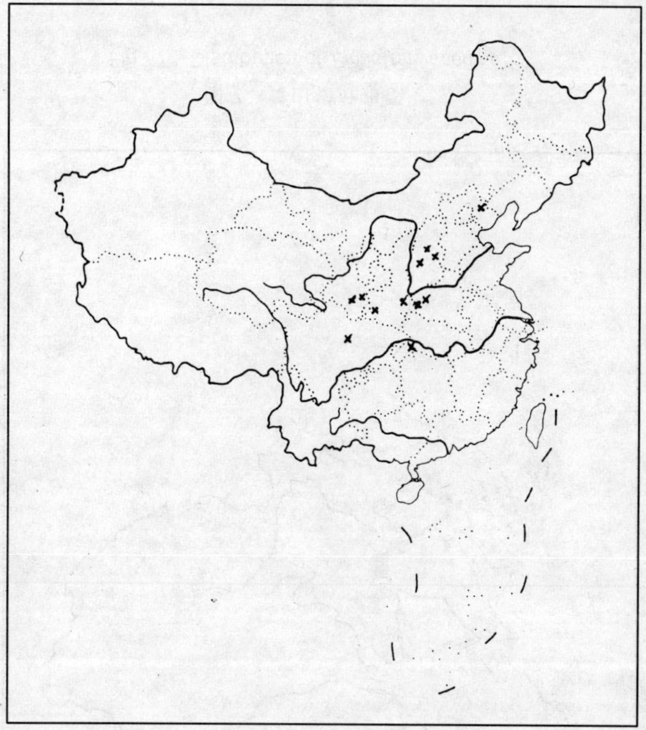

图5 白皮松分布图

Fig. 5 Distribution of *Pinus bungeana*

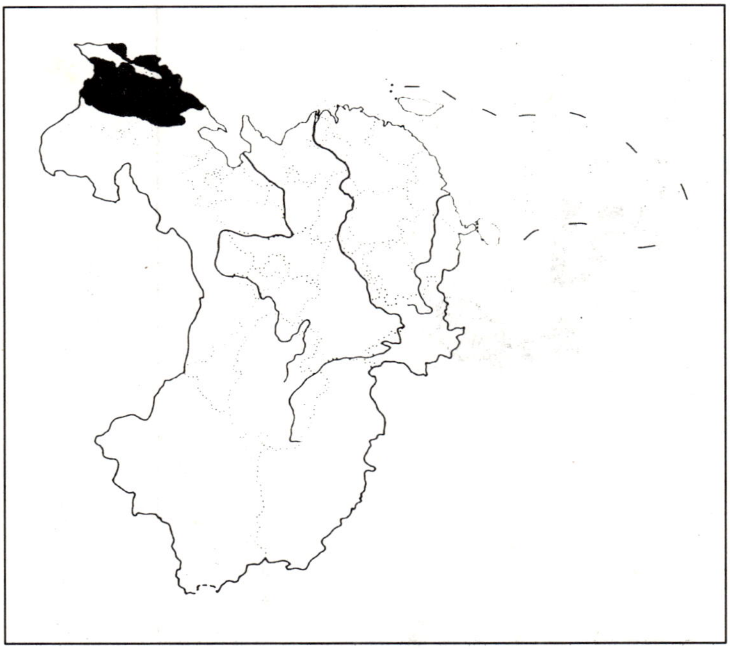

图 6 红松分布图

Fig. 6 Distribution of *Pinus koraiensis*

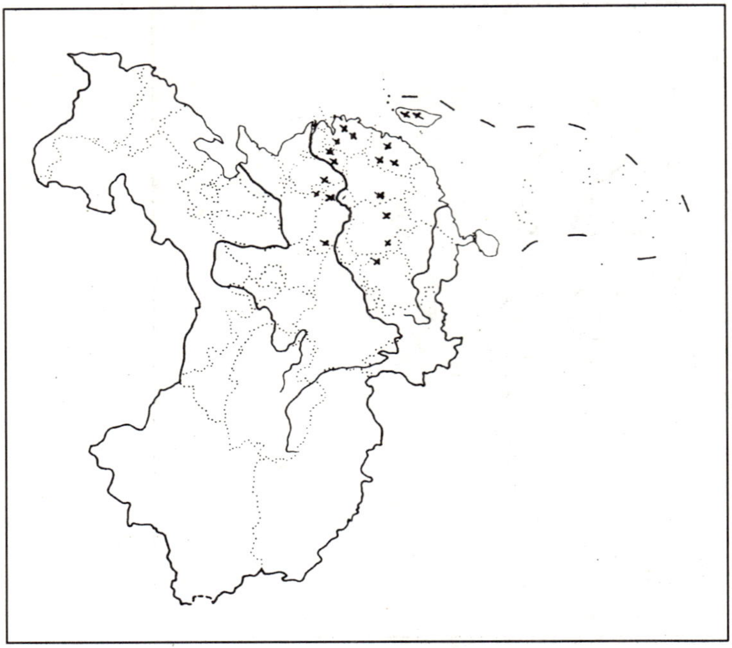

图 7 黄山松分布图

Fig. 7 Distribution of *Pinus taiwanensis*

Foreword

Genus pinus is widely distributed throughout the Northern Hemisphere and is the major species used in worldwide wood and oleoresin production. Beyond the Northern Hemisphere, genus pinus has been introduced and cultivated in South America, Oceania, and Africa. Currently, there are more than 100 pine species in the world.

China has 22 species and 10 varieties of genus pinus, 11 of which are only found in China. In addition, approximately 30 species have been introduced into China from abroad. Within China, there are approximately 2500 hm^2 of pine forest, mainly distributed amongst the Yunnan, Guangxi, Guangdong, Fujian, Jiangxi, Hunan, and Hubei provinces. Of these pine forests, *P. massoniana* Lamb is the most widely distributed pine species in China.

第1章 松属分类

1.1 形态分类

早在1914年,Shaw G R就在*The Genus Pinus*一书中按外部形态对松树进行了分类。该书按针叶内维管束数目将松属分为单维管束(Haploxylon)和双维管束(Diplyoxylon)2个亚属(Subgenus),每个亚属又按针叶、树皮、树枝、树脂道、种子、球果等形态各分成2个组,每个组各分若干亚组。最后,他将松属分成2亚属、4组、12亚组。十年后,他又对部分树种的划分作了调整。1926年,Pilger R基于松针数目和松针中树脂道位置,在Shaw的工作基础上将松属分成2亚属、11组。之后,Martinez M(1948)、Duffield J W(1952)、Gaussen H (1960)对松树分类又相继提出各自的观点,进行修正。Critchfield W B和Little E L(1966)发现越南有一种松树——越南松(*P. krempfii* Lecomte)具有特殊的形态特征,他们提出将这一树种单独列为一个亚属,所以他们将松属分成3亚属、5组、15亚组。

中国松属分类系统研究最早由郑万钧于1930年著有《中国松属研究》一文,记载松树9种和1变种。之后,一些学者相继开始研究,得到许多新的发现。吴中伦在此基础上,将有关学者的发现进行分析,并根据鉴定标本记录和有关文献,于1956年著有《中国松属的分类和分布》一文,将中国松属分成单维管束和复维管束2个松亚属。单维管束松亚属有5种和4变种;复维管束松亚属有7种和3变种,共计19种。到1978年,中国成立《中国植物志》编委会,该志第七卷由郑万钧和傅立国等执笔,详细介绍我国松属22种和10变种,及引种栽培16种和2变种。他们将松属分成单维管束(Subgen. *Strobus*)和双维管束(Subgen. *Pinus*)松亚属,这2个亚属又各分成2组。单维管束松亚属有五针松组(10种和1变种,及引入栽培2种)和白皮松组(2种);双维管束松亚属有长叶松组(1种)和油松组(9种和9变种,及引入栽培14种和2变种)。1982年出版的郑万钧主编的《中国树木志》对中国松属分类与《中国植物志》基本相同。1993年,李湘萍、朱政德提出维管束不是划分亚属的唯一标准,"单维管束松亚属"和"双维管束松亚属"不适宜作为Subgen. *Strobus* 和Subgen. *Pinus* 的中文名称,而应按各自的模式种,分别用"白松亚属"和"松亚属"两个中文名来取代。本书将采纳这一建议,将"单维管束松亚属"改为"白松亚属"。考虑到《中国植物志》曾将Sect. *Pinus* 称为油松组,所以将"双维管束松亚属"英文名Subgen. *Pinus* 译为"油松亚属"。本书将中国松属分成三个松亚属:白松亚属,白皮松亚属和油松亚属,如表1.1。

在实际分类时,单从形态特征不能提供足够证据来鉴定松树树种。或者,不能确定将该树种放在哪个组或亚组。这时就要考虑采用其他手段,如遗传学、地理学、生理学、生态学,甚至化石植物学等手段加以辅助确定。以化学方法分析组分并加以分类是近三、四十年来发展起来的一种分类学的有效手段。

表1.1 中国松属分类

Table 1.1 Classification of the genus pinus in China

一、白松亚属 Subgen. *Strobus* (Sweet) Rehd.
华山松 *P. armandi* Franch.
台湾果松(变种)*P. armandi* Franch. var. *mastersiana* (Hayata) Hayata
大别山五针松 *P. dabeshanensis* Cheng et Law
海南五针松 *P. fenzeliana* Hand. - Mzt.
乔松 *P. griffithii* McClelland
红松 *P. koraiensis* Sieb. et Zucc.
华南五针松 *P. kwangtungensis* Chun ex Tsiang
台湾五针松 *P. morrisonicola* Hayata
偃松 *P. pumila* (Pall.) Regel

续表

新疆五针松 *P. sibirica*（Loud.）Mayr

毛枝五针松 *P. wangii* Hu et Cheng

日本五针松(引种)*P. parviflora* Sieb. et Zucc.

北美乔松(引种)*P. strobus* L.

二、白皮松亚属 Subgen. *Parrya* (Mayr) Chu et X. P. Li

白皮松 *P. bungeana* Zucc. ex Endl.

西藏白皮松 *P. gerardiana* Wall.

三、油松亚属 Subgen. *Pinus*

高山松 *P. densata* Mast.

赤松 *P. densiflora* Sieb. et Zucc.

巴山松 *P. henryi* Mast.

思茅松(变种)*P. kesiya* Royle ex Gord. var. *langbianensis*（A. Chev.）Gaussen

南亚松 *P. latteri* Mason

［*P. tonkinensis* Chev.］

马尾松 *P. massoniana* Lamb.

雅加松(变种)*P. massoniana* Lamb. var. *hainanensis* Cheng et L. K. Fu

黄鳞松(变种)*P. massoniana* Lamb. var. *huanglinsong* Hort.

岭南马尾松(变种)*P. massoniana* Lamb. var. *lingnanensis* Hort.

西藏长叶松 *P. roxbourghii* Sarg.

［*P. longifolia* Roxb.］

樟子松(变种)*P. sylvestris* L. var. *mongolica* Litv.

长白松 *P. sulvestriformis*（Takenouchi）T. Wang ex Cheng

［*P. sylvestris* L. var. *sylvestriformis*（Takenouchi）Cheng et C. D. Chu］

油松 *P. tabulaeformis* Carr.

黑皮油松(变种)*P. tabulaeformis* Carr. var. *mukdensis* Uyeki

扫帚油松(变种)*P. tabulaeformis* Carr. var. *umbraculifera* Liou et Wang

黄山松 *P. taiwanensis* Hayata

［*P. hwangshanensis* Hsia］

续表

大明松(变种) *P. taiwanensis* Hayata var. *damingshanensis* Cheng et L. K. Fu

兴凯湖松 *P. takahasii* Nakai

武陵松 *P. wulinensis* C. J. Qi et Q. Z. Ling

[*P. massoniana* Lamb. var. *wulinensis* C. J. Qi et Q. Z. Ling]

云南松 *P. yunnanensis*. Franch.

地盘松(变种) *P. yunnanensis* Franch. var. *pygmaea* (Hsüeh) Hsüeh

细叶云南松(变种) *P. yunnanensis* Franch. var. *tenuifolia* Cheng et Law

北美短叶松(引种) *P. banksiana* Lamb.

古巴加勒比松(变种)(引种) *P. carribaea* Morel et var. caribaea

巴哈马加勒比松(变种)(引种) *P. caribaea* var. *bahamensis* Barrett et Golfari

洪都拉斯加勒比松(变种)(引种) *P. caribaea* var. *hondurensis* Barrett et Golfari

沙松[①](引种) *P. clausa* (chapm.) Vasey

萌芽松(引种) *P. echinata* Mill.

湿地松(引种) *P. elliottii* Engelm.

光松[①](引种) *P. glabra* Walt.

格雷奇松[①](引种) *P. greggii* Engelm.

琉球松[①](引种) *P. luchuensis* Mayr

欧洲黑松(引种) *P. nigra* Arn.

南欧黑松(变种)(引种) *P. nigra* Arn. var. *poiretiana* Schneld.

卵果松[①](引种) *P. oocarpa* Schiede

长叶松(引种) *P. palustris* Mill.

展松[①](引种) *P. patula* Schiede & Deppe

海岸松(引种) *P. pinaster* Ait.

西黄松(引种) *P. ponderosa* Dougl. ex Laws.

辐射松[①](引种) *P. radiata* D. Don

刚松(引种) *P. rigida* Mill.

晚松(引种) *P. rigida* Mill. var. *serotina* (Michx.) Loud. ex Hoopes

欧洲赤松(引种) *P. sylvestris* L.

火炬松(引种) *P. taeda* L.

续表

黑松(引种) *P. thunbergii* Parl.
热带松(引种) *P. tropicalis* Morelet
矮松(引种) *P. virginiana* Mill.

注:①在《中国树木志》未列出的国外引种松。
Exotic pines which are not mentioned in *Sylva Sinica*.

1.2 化学分类

20 世纪 60 年代初,科学家们将化学应用于植物分类学中,发表了不少专著,如 *Chemotaxnomie der Pflanzen*(Hegnauer R,1962),*Chemical Plant Taxonomy*(Swain T,1963)和 *Biochemical Systematics*(Alston R E 和 Turner B L,1963)等。他们认为分析植物的一些化学组分可以作为分类学的依据。在这些著作中也提到了松树的化学分类。之后,又有不少有关松树化学分类的论文发表。

但是 Smith P M(1976)认为,并不是所有的植物化学组分都可以作为分类学依据。如松树的细胞膜成分,各树种都具有相似的化学组分,就不能用于松树的分类;又如叶绿素,同样是所有松树所共有的,也不利于分类。Mirov N T(1967)认为松树的树木提取物随着树种不同有较大差异,可以用于化学分类目的。树木提取物种类很多,如脂肪、蜡、松针油、多酚、松脂等。但是,有些提取物化学组成不完全清楚,有些组分如环多醇、生物碱等只在部分树种中存在。芯材中多酚类是研究最多的化合物,最早由 Erdtman H(1955,1959)研究。之后,日本木材化学家也作了大量工作。最突出的成果是发现白松亚属和油松亚属的多酚类化合物组成是不同的,但是实际中试样采集很困难,必须采伐后才能取样分析。

松脂是在松树树干上割口后流出的一种分泌物。松脂分泌是松树树种的一个共同特征。松脂经过蒸馏,可以得到松节油和松香两部分。松节油主要由单萜类化合物组成;松香则由倍半萜类和双萜类化合物组成,其中双萜类化合物除少量中性物外，主要由海松酸/异海松酸型和枞酸型二类树脂酸组成。海松酸/异海松酸型树脂酸包括 8,15-异海松酸、海松酸、山达海松酸和异海松酸等；枞酸型树脂酸包括长叶松酸、左旋海松酸、枞酸和新枞酸等。1961 年 Mirov N T 著 *Composition of Gum Turpentines of Pines* 一书，研究了当时世界上 94 种松树中 77 种的松脂的松节油组分，发现两个松亚属松脂的松节油组成没有多大区别，但是，每个树种的松节油中某些组分的含量有所不同，这对于松树的鉴定是有用的。如，西黄松（*P. ponderosa*）这一广泛分布的树种，虽然在不同地区松树的形态上稍有不同，但是在所有分布地区中这一树种的松节油组成中都含有大量的 3-蒈烯，说明大量存在的 3-蒈烯是西黄松的一个特征组分。又如，大叶松（*P. engelmannii*）曾被认为是西黄松的一个变种，但是它的松节油中不含有 3-蒈烯，说明大叶松不一定是西黄松的变种，而应该是一个独立树种。

Mirov N T(1961)在研究松节油组成时，首先着重研究松节油组成的稳定性。他发现在生长季节内松树松脂的松节油组成变化很小。Herty C H (1908)研究湿地松（*P. elliottii*）和长叶松（*P. palustris*），Dupont G 和 Barrand M(1925)研究欧洲黑松（*P. nigra*），Oudin A(1939)研究海岸松（*P. pinaster*）分别得出同一结论：同一株松树在同一生长季节内，其松节油组成变化很小。如果是一个群体，则基本不变。松节油组成也不受采脂方法和松树树龄的影响。同时，Scheuble R(1942)研究黑材松（*P. jeffreyi*）时发现，在美国加利福尼亚州黑材松松节油主要成分是正庚烷，在奥地利黑材松松节油中正庚烷仍然是主要组分。Mirov N T(1967)研究在美国和新西兰的山地松（*P. contorta*）的松节油，发现它们主要由 1-β-水芹烯组成。在意大利和美国加利福尼亚的意大利五针松（*P. pinea*）松节油都由 1-苧烯组成。Krestinsky V 等(1932)研究欧洲赤松（*P. sylvestris*）在不同生态环境下生长，发现其松节油组成是一致的。上述研究说明松节油化学组成是松树的遗传学固定特征，基本上不受种植地区、生长季节和生态环境的影响。因此，研究松节油化学组成可以为松树分类提供许多有用的证据。限于当时分析手段，Mirov N T 没有进一步研究松脂中倍半萜类和双萜类化合物的化学组成，但是他指出，随着现代分析技术的发展，研究松脂中倍半萜类和双萜类组成会更有利于松树分类。

自 1988 年起，作者得到国家自然科学基金资助，对中国松属松脂化学特征和松脂内中性物特征进行系统研究。在 1988 年 8 月和 1989 年 8 月，由同一人在各个树种中心分布区随机选择 5～10 株立木，以同一种采集方法进行采脂。这些树种包括国内松：红松、新疆五针松、华山松、大别山五针松、海南五针松、乔松、华南五针松、毛枝五针松、白皮松、西藏长叶松、高山松、赤松、思茅松、南亚松、马尾松、雅加松、武陵松、樟子松、长白松、油松、黄山松、大明松、兴凯湖松、云南松；引种松：北美乔松、北美短叶松、古巴加勒比松、巴哈马加勒比松、洪都拉斯加勒比松、沙松、萌芽松、湿地松、光松、格雷奇松、琉球松、卵果松、长叶松、展松、刚松、晚松、火炬松、黑松、矮松。同时，在秘鲁卡加马卡（Cajamaca）山区采集粗糙枝松、展松、粉枝五针松、辐射松松脂样品；由俄罗斯林委采脂研究所提供欧洲赤松和红松松脂样品；由希腊林业研究所 Ioannis Spanos 博士提供地中海白松松脂样品。对共计 50 种松树，数百种松脂样品进行系统研究。

为了提高分析结果的重复性和准确性，作者首创设计一种气相色谱分析方法，可以不经过预分离，对松脂样品进行全分析。同时，作者又研究不同地理分布的同一树种松脂的化学特征。如红松，这是一种分布很广的树种。在中国吉林省敦化地区（43.4°N，128.2°E）和俄罗斯欧洲地区（52.0°N，35.0°E）分别采集的红松松脂，虽然相距数千公里，但是它们的化学特征基本相似：检出组分均为 43 个；α-蒎烯含量都不高（分别为 15.0% 和 17.7%）；含有较高数量的松柏烯（4.5% 和 5.0%）和糖松酸（12.8% 和 16.5%）。同样，在中国浙江富阳（30.9°N，119.9°E）引种的展松和在秘鲁卡加马卡山区（7.5°S，78.6°W）采集的展松松脂的特征也基本一致：均检出 42 个组分；α-蒎烯含量很低（分别为 1.4% 和 1.5%）；苧烯含量都很高（24.8% 和 28.0%）；另外，还都含有较高数量的长叶烯（3.6% 和 2.5%）。这些结果说明，松脂的化学组成基本上不受采脂地点的影响。所以，本书中在中国国内所采集的引种松松脂可以代表该树种松脂的固有特征。

Chapter 1 Classification of Genus Pinus

As earlier as 1914, Shaw G R classified genus pinus by its external morphology with further classification being performed by various other scientists including Pilger R (1926), Martinez M (1948), Duffield J W (1952), and Gaussen H (1960). Such classification categorized genus *pinus* into two subgenus: Subgen. *Strobus* and Subgen. *Pinus*. In this classification, these subgenus are further categorized into several groups and subgroups by needle, bark, branch, resin canal, seed, and cone morphology. In 1966, *Pinus Vietnam* was discovered in Viet Nam and named Subgen. *Ducampopinus* by Critchfield W B and Little E L based upon the characteristic morhphology. As a result, genus pinus was classified into three subgenus: Subgen. *Ducampopinus*, Subgen. *Strobus* and Subgen. *Pinus*, that are further divided into five groups and fifteen subgroups.

In 1930, Zheng Wanjun was the first to study Chinese pine taxonomy. In his studies, Zheng Wanjun categorized genus pinus into two Subgenus: Subgen. *Strobus* having the sect. *strobus* and sect. *parrya* as well as Subgen. *Pinus* having the sect. *sula* and sect. *pinus*.

In practical classification, characteristic pine tree morphology is often insufficient to determine either the species or section/subsection of a pine tree. Due to this fact, other methods (e. g. genetics, geography, physiology, ecology, fossil botany) are required for classification. Notably, classification of the genus pinus by analysis of chemical composition is an effective method that has been developed over the past 30～40 years.

Oleoresin, a secretion from pine trees, contains turpentine and rosin. Turpentine is mainly composed of monoterpenoids while rosin is mainly composed of sesquiterpenoids and diterpenoids. In his book *The Genus Pine*, America scientist Mirov N T demonstrated that the chemical composition of turpentine is genetically determined and uninfluenced by tree location, plant season, and ecological environment. Nonetheless, Mirov noted that further investigation of pinus taxonomy would be possible through determination of sesquiterpenoid and diterpenoid compositions using modern analysis methods and techniques.

Under the financial support of the National Natural Science Foundation of China, the author systematically studied the chemical characteristics of oleoresins from 42 pine species in China, 8 species from abroad, and compared oleoresins composition of the same species from different geographic distributions. For example, oleoresin samples of *P. koraiensis* collected from Jilin province of China (43.4°N, 128.2 °E) and the western portion of Russia (52.0 °N, 35.0 °E) have similar basic chemical characteristics: 43 components had been identified and both samples have low α-pinene content (15.0% and 17.7%, respectively), high lambertianic acid content (12.8% and 16.5%, respectively), and cembrene (4.5% and 5.0%, respectively). Additionally, oleoresion samples of *P. patula* collected from Zhejiang province of China (30.9°N, 119.9°E) and the mountain area of Cajamaca of Peru (7.5°S, 78.6°W) have similar basic chemical characteristics too: 42 components had been identified from these samples and both have low α-pinene content (1.4% and 1.5%, respectively), high limonene content (24.8% and 28.0%, respectively), as well as high limonene content (3.6% and 2.5%, respectively). This analysis indicates that the chemical characteristics of oleoresins from introduced pine trees in China are similar to the chemical characteristics of the same species in their native countries.

The classification of the genus pinus in China are listed in Table 1.1.

第 2 章　松脂的采集与分析

松脂是松树树脂道内泌脂细胞分泌的树脂。树脂道有纵生、横生两类，它们在木材中互相连接沟通，形成树脂道系。采脂时，只需割伤树干表面部分，就可以使离割口较远处木质部中的树脂流出来。松脂是松树生理活动的产物。其形成机理尚不完全清楚，可能涉及松树生理活动的许多方面。一般认为，松树针叶中的叶绿素在日光照射下吸收光能，在叶绿素和酶作用下，把从周围环境中所获得的二氧化碳和水合成糖类等有机物，同时放出氧气。糖类再经过复杂的生化反应，进一步形成萜类化合物，即松脂。松脂最初流出时为透明液体，逐渐变稠，最后成为白色或淡黄色粘稠液体。

影响松脂产量的因素很多。在同样采脂条件下，不同树种的产脂量互不相同。我国主要采脂树种如马尾松、云南松、思茅松、南亚松、华山松、油松等都是产脂量较高的树种，但是相互间仍有较大区别：如马尾松每对侧沟产量约 30 克，而南亚松则可以高达 80 克。树干的直径与树龄也是影响产脂量的重要因素。随着树龄增加，树干直径也相应增大，它的树脂道数目和容积也随着增多，这样，泌脂能力逐渐增强。同时，树冠和根系也随着扩展，增大了松脂形成能力，保证更多松脂的分泌。因为松脂的形成和分泌与树木含水量有密切关系，所以增加空气湿度有利于松脂的形成和分泌。同时，气温升高、土地肥沃，也能促进松树生长，增加光合作用，提高松脂产量。

2.1 松脂采集方法

采集松脂时，首先在树干适当高度处刮除粗皮，形成刮面。在刮面中央割开一条与地面垂直的导流松脂的主沟，再从主沟上部向上斜开一对侧沟。在主沟下端安装导脂器和受脂器。当松脂从侧沟分泌出来，经过导脂器，进入受脂器。定期收集松脂。并在紧接上一对侧沟下方开割第二对侧沟，依次往下。

作者采集松脂的方法是在各个树种的中心分布地带，随机选择胸径20 cm以上立木5～10株，在树干上离地1.0～1.5 m处开割侧沟。对于流脂量低的松树，在间隔5 cm处再开割另一对侧沟。用15 mL磨口玻璃试管收集新鲜松脂，用蜡封口，胶带固定。样品空运回实验室，保存在冰箱内待用。同时，收集一些蜡叶样品。单株样品分别分析。

采集样品的地点和立木胸径与树高如表2.1所示。

表2.1 国内松松脂采集样木的位置和胸径与树高

Table 2.1 DBH and heights of tree samples and their locations from Chinese pines

树种 Pine species	样木位置 Sampling places	立木胸径树高(cm/m) DBH/Height
华山松 *P. armandi* Franch.	山西中条山(34.8°N,110.5°E) Zhongtiao Shan, Shanxi	15～20/5～7
白皮松 *P. bungeana* Zucc. ex Endl.	山西中条山(34.8°N,110.5°E) Zhongtiao Shan, Shanxi	18～25/5～7
大别山五针松 *P. dabeshanensis* Cheng et Law	安徽大别山(30.9°N,116.4°E) Dabieshan, Anhui	30～36/13～17
高山松 *P. densata* Mast.	云南丽江(27.0°N,100.3°E) Lijiang, Yunnan	23～36/10～14
赤松 *P. densiflora* Sieb. et Zucc.	辽宁大连(38.9°N,121.5°E) Dalian, Liaoning	15～26/7～8
海南五针松 *P. fenzeliana* Hand.-Mzt.	海南尖峰岭(18.6°N,108.8°E) Jianfengling, Hainan	42～48/15～20

续表

树种 Pine species	样木位置 Sampling places	立木胸径树高(cm/m) DBH/Height
乔松 *P. griffithii* McClelland	云南六库(25.9°N,98.9°E) Liuku, Yunnan	70～73/30～40
思茅松 *P. kesiya* Royle ex Gord. var. *langbianensis* (A. Chev.) Gaussen	云南思茅(22.8°N,101.0°E) Simao, Yunnan	32～40/12～18
红松 *P. koraiensis* Sieb. et Zucc.	吉林敦化骆驼山(43.4°N,128.2°E) Luotuoshan, Jilin	25～28/10～15
华南五针松 *P. kwangtungensis* Chun ex Tsiang	湖南莽山(25.4°N,112.9°E) Mangshan, Hunan	14～18/7～11
南亚松 *P. latteri* Mason	海南坝王岭(19.1°N,109.1°E) Bawangling, Hainan	36～47/12～18
马尾松 *P. massoniana* Lamb.	广东湛江(21.2°N,110.4°E) Zhanjiang, Guangdong	21～24/9～13
雅加松 *P. massoniana* Lamb. var. *hainanensis* Cheng et L. K. Fu	海南坝王岭(19.1°N,109.1°E) Bawangling, Hainan	36～64/25～30
西藏长叶松① *P. roxbourghii* Sarg.	西藏吉隆(29.0°N,85.2°E) Jilong, Tibet	
新疆五针松② *P. sibirica* (Loud.) Mayr	新疆阿勒泰(47.8°N,88.2°E) Aletai, Xinjiang	75～80/30～35
樟子松 *P. sylvestris* L. var. *mongolica* Litv.	黑龙江塔河(52.4°N,124.7°E) Tahe, Heilongjiang	28～44/17～21
长白松 *P. sylvestriformis* (Takenouchi) T. Wang ex Cheng	吉林白河(43.5°N,128.1°E) Baihe, Jilin	46～56/18～22
油松 *P. tabulaeformis* Carr.	山西中条山(34.8°N,110.5°E) Zhongtiaoshan, Shanxi	30～35/6～9
黄山松 *P. taiwanensis* Hayata	安徽黄山(30.3°N,118.1°E) Huangshan, Anhui	35～80/13～26
大明松③ *P. taiwanensis* Hayata var. *damingshanensis* Cheng et L. K. Fu	广西大明山(22.8°N,108.3°E) Damingshan, Guangxi	
兴凯湖松 *P. takahasii* Nakai	黑龙江密山(44.3°N,132.0°E) Mishan, Heilongjiang	24～35/9～11
毛枝五针松 *P. wangii* Hu et Cheng	云南西畴(23.4°N,104.7°E) Xichou, Yunnan	18～44/5～8

续表

树种 Pine species	样木位置 Sampling places	立木胸径树高(cm/m) DBH/Height
武陵松 *P. wulinensis* C.J.Qi et Q.Z.Ling	湖南张家界(29.3°N,110.5°E) Zhangjiajie,Hunan	14～18/5～7
云南松 *P. yunnanensis* Franch.	云南永仁(20.1°N,101.7°E) Yongren,Yunnan	25～38/9～12

注:①西藏自治区林业厅扎西赞吉工程师提供。
The samples were offered by Zaxi Zhanji.
②新疆林业勘察设计院宋芬郁高级工程师提供。
The samples were offered by Song Fenyu.
③广西林业科学研究院邓绍林高级工程师提供。
The samples were offered by Deng Shaolin.

表 2.2 引种松松脂采集样木的位置和胸径与树高[①]
Table 2.2 DBH and heights of tree samples and their locations from exotic pines

树种 Pine species	样木位置 Sampling places	立木胸径树高(cm/m) DBH/Height
北美短叶松 *P. banksiana* Lamb.	吉林长春(43.9°N,125.3°E) Changchun,Jilin	23～26/8～9
古巴加勒比松 *P. caribaea* Morel et. var. caribaea	广东湛江(21.2°N,110.4°E) Zhanjiang,Guangdong	25～33/17～21
巴哈马加勒比松 *P. caribaea* var. *bahamensis* Barrett et Golfori	广东湛江(21.2°N,110.4°E) Zhanjiang,Guangdong	25～33/15～18
洪都拉斯加勒比松 *P. caribaea* var. *hondurensis* Barrett et Golfori	广东湛江(21.2°N,110.4°E) Zhanjiang,Guangdong	22～24/17～18
沙松 *P. clausa*(Chapm.)Vasey	浙江富阳(30.9°N,119.9°E) Fuyang,Zhejiang	10～13/3
萌芽松 *P. echinata*. Mill.	浙江富阳(30.9°N,119.9°E) Fuyang,Zhejiang	10～15/5～6
湿地松 *P. elliottii* Engelm.	广东湛江(21.2°N,110.4°E) Zhanjiang,Guangdong	25～33/9～15
光松 *P. glabra* Walt.	浙江富阳(30.9°N,111.9°E) Fuyang,Zhejiang	20～24/6～10
格雷奇松 *P. greggii* Engelm.	浙江富阳(30.9°N,119.9°E) Fuyang,Zhejiang	12～18/4～5
琉球松 *P. luchuensis* Mayr	浙江富阳(30.9°N,119.9°E) Fuyang,Zhejiang	25～35/9～13

续表

树种 Pine species	样木位置 Sampling places	立木胸径树高(cm/m) DBH/Height
卵果松 *P. oocarpa* Schiede	海南尖峰岭(18.6°N,108.8°E) Jianfengling, Hainan	20～30/12～14
长叶松 *P. palustris* Mill.	浙江富阳(30.9°N,119.9°E) Fuyang, Zhejiang	12～15/6～7
展松 *P. patula* Schiede & Deppe	浙江富阳(30.9°N,119.9°E) Fuyang, Zhejiang	15～18/5～6
刚松 *P. rigida* Mill.	浙江富阳(30.9°N,119.9°E) Fuyang, Zhejiang	10～15/5
晚松 *P. serotina* (Michx.) Loud. ex Hoopes	浙江富阳(30.9°N,119.9°E) Fuyang, Zhejiang	25～40/7～13
北美乔松 *P. strobus* L.	浙江富阳(30.9°N,119.9°E) Fuyang, Zhejiang	12～18/4～5
火炬松 *P. taeda* L.	广东湛江(21.2°N,110.4°E) Zhanjiang, Guangdong	21～35/8～12
黑松 *P. thunbergii* Parl.	辽宁旅顺(38.8°N,121.2°E) Lushun, Liaoning	15～28/6～8
矮松 *P. virginiana* Mill.	浙江富阳(30.9°N,119.9°E) Fuyang, Zhejiang	15～18/4～5

表2.3 国外松松脂采集样木的位置和胸径与树高

Table 2.3 DBH and heights of tree samples and their locations from foreign pines

树种 Pine species	样木位置 Sampling places
地中海白松① *P. halepensis* Mill.	希腊(40.0°N,23.4°E) Greece
红松② *P. koraiensis* Sieb. et Zucc.	俄罗斯(52.0°N,35.0°E) Russia
粗糙枝松 *P. montezumae* Lamb.	秘鲁卡加马卡山区(7.5°S,78.6°W) Cajamaca, Peru
展松 *P. patula* Schiede & Deppe	秘鲁卡加马卡山区(7.5°S,78.6°W) Cajamaca, Peru
粉枝五针松 *P. pseudostrobus* Lindl.	秘鲁卡加马卡山区(7.5°S,78.6°W) Cajamaca, Peru
辐射松 *P. radiat* D. Don	秘鲁卡加马卡山区(7.5°S,78.6°W) Cajamaca, Peru

续表

树种 Pine species	样木位置 Sampling places
欧洲赤松[②] *P. sylvestris* L.	俄罗斯(52.0°N,35.0°E) Russia

注:①希腊林业研究所 Ioannis Spanos 博士提供。
The samples were offered by Research Institute of Forestry of the Agricultural Academy of Greece.
②俄罗斯林委采脂研究所提供。
The samples were offered by Research Institute of Pine Oleoresin Extraction of Russia.

2.2 松脂分析方法

Smith P M(1976)提出化学分类研究一般由六个步骤组成:

(1) 采集合适的样品;

(2) 选择并掌握适用的化学技术;

(3) 所有样品的化学分析;

(4) 收集其他来源的资料,并加以比较;

(5) 必要的分类整理;

(6) 数据处理。

通过松脂化学组分来研究松属分类就是遵循这些步骤进行的。

20 世纪 60 年代 Mirov N T(1961)曾分析 70 多种松树的松节油组分来系统研究松属的化学分类,得到重要结果。现在分析 50 多种松树的松脂组分来研究松属分类将会取得更全面的结果。在分析技术方面,Mirov N T 采用分馏方法分离松节油组分。自 20 世纪 70 年代起,不少学者利用气相色谱和质谱分析松脂组成。为了测定松脂中单萜类、倍半萜类和双萜类组分,一般采用化学方法将松脂分成两部分:酸性物和中性物,再用选择酯化方法从酸性物中分离树脂酸和脂肪酸。然后,用不同的色谱柱和分析条件使用气相色谱仪分别分析树脂酸、中性物、单萜类和倍半萜类化合物。此法步骤多且繁琐,分析结果也往往不能令人满意。

1975 年，Zinkel D F 使用 DEAE-Sephadex 柱来增加从酸性物中分离树脂酸的效率；Holmbom B(1977)采用 BDS 毛细管柱不经过预分离直接分析整个酸性物；梁志勤等(1981)使用 DC-560 填充柱在相同条件下直接测定中性物的主要组分；此后，梁志勤等(1982)又使用同一根 OV-101 玻璃毛细管柱在不同色谱条件下分析酸性物和中性物。但是，没有文献提到一种气相色谱方法能在同一根气相色谱柱和同一分析条件下定量分析松脂的绝大多数组分。

1988 年，作者提出一种简单的气相色谱分析方法，不经过任何预处理就可以直接分析松脂的主要组分。研究发现，在同一根 DB-5 熔凝硅石毛细管柱上，以同一色谱条件，在 30 分钟内完成松脂全分析，其结果较好。这种分析方法可以避免松脂在分成酸性物和中性物的过程中，因受热发生异构作用，使某些组成发生变化，尤其避免了枞酸型树脂酸的异构作用。同时，分析结果重复性好，适宜大量的松脂样品系统研究。

2.2.1　分析方法

先将试管内的松脂充分搅拌均匀。取部分松脂溶于少量乙醇中，以酚酞为指示剂，用四甲基氢氧化铵甲醇溶液滴至微红色。将此溶液直接进行气相色谱分析和气-质分析(图 2.1)。分别测定每个松树树种的不同株立木的松脂，取算术平均值作为各树种松脂化学组成的平均含量。

气相色谱仪为日本岛津 GC-7AG，带有氢焰离子化检测器和 Shimadzn C-R1B 数据处理系统，使用 DB-5 毛细管柱(30 m×0.32 mm)。气相色谱条件：程序升温 60 ℃(2 min) $\xrightarrow{4\ ℃/min}$ 260 ℃，载气为氮气，流速30 mL/min。气化室和检测器温度均保持在260 ℃，分流比为1/50，进料量0.3 μL。

气-质联用仪为 JMS-D300-JMA2000 气-质-计算机联用仪，离子源 EI，温度 210～220 ℃，电离电流 300 μA，电子能量 70 eV，加速电压 3 kV，检测系统——二次电子倍增器电压 1.5 kV，质量范围 30～350，分辨力 800。

通过标样及质谱资料鉴定各主要组分，一些低含量组分根据气-质资料确定。

本方法的唯一不足是长叶松酸和左旋海松酸不能很好分离。如果需要将这二种树脂酸分离，则需要使用 QF-1 毛细管柱(30 m×0.32 mm)。气相色谱分析条件：程序升温 60 ℃（2 min）$\xrightarrow{4\ ℃/min}$260 ℃。在分析秘鲁的四个树种的松脂时，就是采用 QF-1 毛细管柱将它们分离。

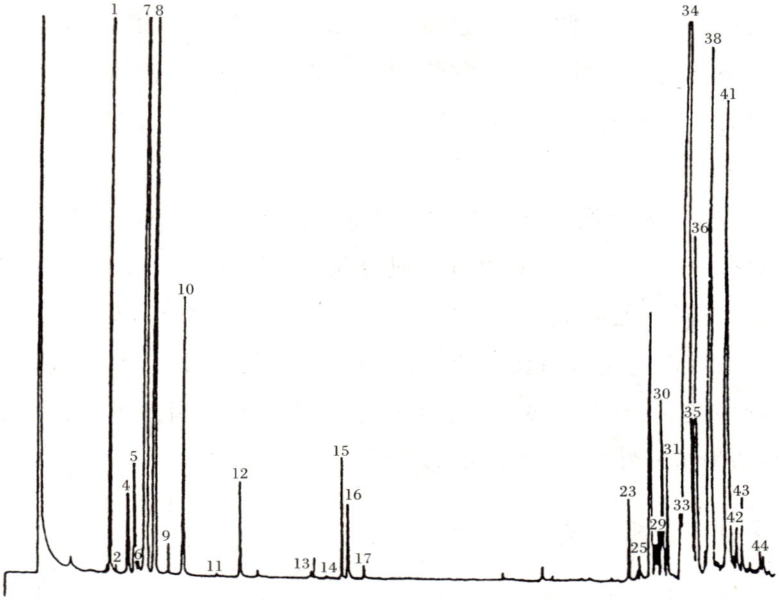

图 2.1　高山松松脂气相色谱图

Fig. 2.1　Gas chromatogram of oleoresin from *P. densata*

2.2.2　DEAE-Sephadex 分离

Zinkel D F(1975)提出下列方法可以将松脂各组分经过色谱柱洗提，得到各种富含某个组分的馏分。重复操作，可以得到纯度大于 95% 的某一组分。

1. 预处理

取 25g DEAE-Sephadex A-25，加水调匀，倒入布氏漏斗中；减压下，分别用 200 mL 1 mol/L 盐酸，400 mL 水，200 mL 1 mol/L 氢氧化钠溶液和 400 mL 水洗涤 DEAE-Sephadex，重复两次。用 1 mol/L 氢氧化钠溶液洗涤，再用蒸馏水洗至中性，然后用 400 mL 甲醇和 200 mL 二乙醚分成几份分别洗涤；移入 500 mL 磨口烧瓶内，加入 200 mL 二乙醚、甲醇与水混合物（比例为 90∶10∶1），保存在冰箱内待用。

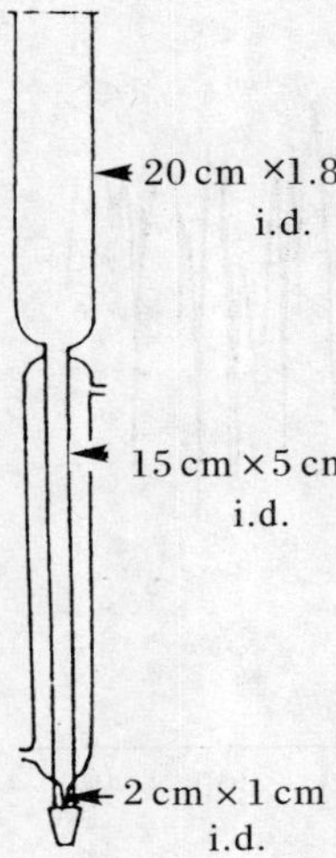

图 2.2　DEAE-Sephadex 分离柱
Fig. 2.2　DEAE Sephadex separating column

2. 柱的制备

用于 DEAE-Sephadex 的分离柱如图 2.2 所示。在玻璃管底端，加入少量玻璃棉，用滴管加入混合溶剂，然后不断加入 DEAE-Sephadex 与溶剂混合物，并轻拍玻璃管，形成均匀DEAE-Sephadex 柱。柱高约 15 cm。

3. 分离方法

将需分析的样品 150 mg 溶于混合溶剂中，用滴管滴入 DEAE-Sephadex 柱的顶部，用 100 mL 混合溶剂不断洗提，使中性物分离，进入洗提液；然后用 100 mL 被 CO_2 饱和的混合溶剂继续洗提，每 5 mL 洗提液分别贮于玻璃管内，将这些洗提液浓缩干燥，溶于环己酮中，再用四甲基氢氧化铵甲酯化，待气相色谱用。

2.2.3　糖松酸的分离与鉴定

1. 糖松酸的分离

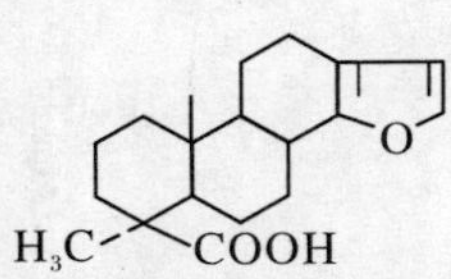

糖松酸

取 100 g 松脂溶于 300 mL 乙醚中，慢慢加入 40 mL 环己胺和 300 mL 乙醚组成的溶液，在室温下存放，促其充分沉淀。经过滤得到胺盐，并用乙醚洗涤；将洗涤液和滤液用 10% H_3PO_4 水溶液洗涤，并用冷水洗至中性，减压除去乙醚，残留物溶于 100 mL 己烷中。用 50 mL 3% KOH 溶液（在 50%含水甲醇中）抽提 2 次。抽提液用 50 mL 己烷洗涤 3 次，再用 30% H_3PO_4 酸化，用 75 mL 乙醚抽提 2 次；醚液用水洗涤，再用 50 mL NaCl 水溶液洗涤 2 次，最后用无水 Na_2SO_4 干燥；减压下除去乙醚，残留物溶于 60 mL 己烷中，将溶液冷却至 0～5 ℃，使其结晶，并在己烷中重结晶多次，得到糖松酸晶体。

2. 糖松酸的波谱测定

将糖松酸分别进行波谱分析。

红外光谱（KBr 压片）：γ_{max} 3080，2942，2884，2843，1693，1644，1501，1468，1445，1407，1384，1332，1318，1266，1168，1064，890，873 cm^{-1}

（图 2.3）。

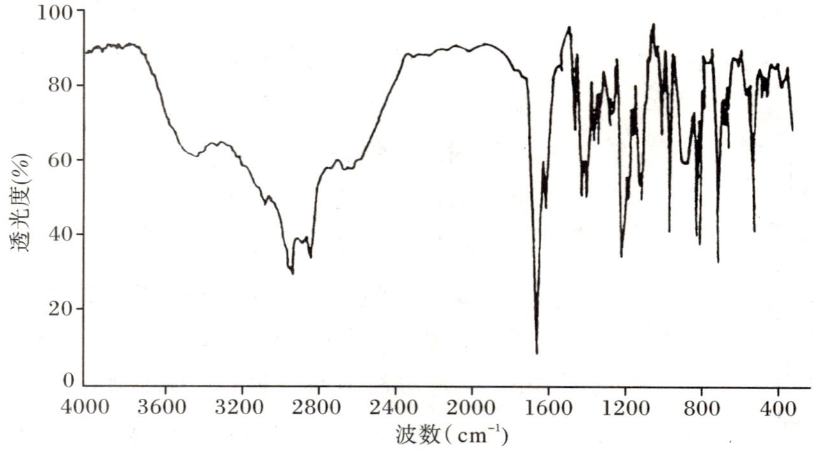

图 2.3 糖松酸红外谱图

Fig. 2.3 IR spectrum of lambertianic acid

质谱（直接进样，70 eV，相对丰度%）：m/e 316（M^+，59），189（33），149（22），147（26），139（22），133（25），121（64），109（20），107（31），105（21），94（29），93（27），91（25），82（85），81（100），79（26），67（23），57（24），55（32），53（34），43（28），41（53）（图 2.4）。

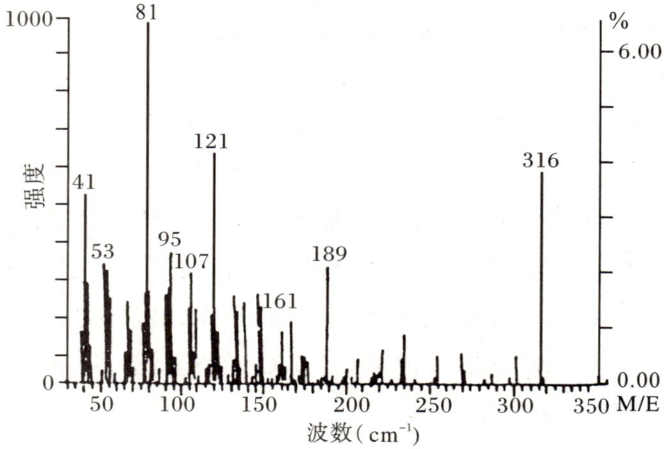

图 2.4 糖松酸质谱图

Fig. 2.4 Mass spectrum of lambertianic acid

核磁共振($CDCl_3$):$\delta_{6.24\sim7.25}$(m,3H)呋喃环上两个 α-氢和一个 β-氢,$\delta_{4.57\sim4.87}$(d.2H)环外乙烯基氢,$\delta_{1.23}$(s.3H),$\delta_{0.60}$(s.3H)两个季甲基,$\delta_{9.04}$ 羟基上活泼氢(图 2.5)。

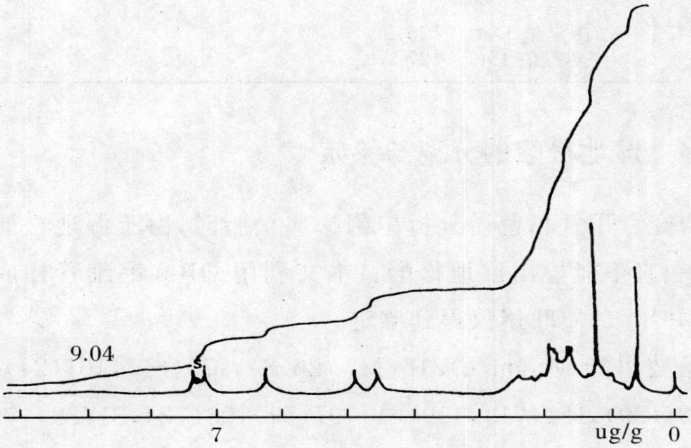

图 2.5　糖松酸核磁共振谱图

Fig. 2.5　NMR spectrum of lambertianic acid

紫外光谱:最大吸收峰为 199.4 nm,克分子消光系统 $\varepsilon_{199.4}=10112$(95%乙醇)。

旋光度:$[\alpha]_D^{14}=+55.0$(95%乙醇)。

元素分析:$C_{22}H_{28}O_3$ 中 C 占 76.18%,H 占 9.10%。

熔点:126.9℃。

上述分析与 Dauben W G(1966)等人报道基本一致(表 2.4)。

表 2.4　糖松酸各项指标与文献值比较

Table 2.4　Comparison of characteristics of lambertianic acid with that in literatures

红外(γ_{max})	测定值 Det.	1693	1644	1468	890	873	cm^{-1}	
IR	文献值 Lit.	1695	1656	1480	890	870	cm^{-1}	
质谱(m/e)	测定值 Det.	316	189	121	81			
MS	文献值 Lit.	316	189	121	81			
核磁共振(δ)	测定值 Det.	7.25	7.18	6.24	4.87	4.57	1.23	0.60
NMR	文献值 Lit.	7.22	7.07	6.13	4.84	4.50	1.23	0.60
紫外(nm)	测定值 Det.	最大吸收峰(max.)199.4 $\varepsilon_{199.4}=10112$(95%EtOH)						
UV	文献值 Lit.	200 $\varepsilon_{200}=10000$(95%EtOH)						

续表

旋光度($[\alpha]_n$) Optical rotation	测定值 Det. 文献值 Lit.	$[\alpha]_D^{14}$ = +55.0(95%EtOH) $[\alpha]_D^{22}$ = +55.0(95%EtOH)	
元素分析(%) Elementary analysis	测定值 Det. 文献值 Lit.	C 76.18 C 75.79	H 9.10 H 8.73
熔点(℃) m.p.	测定值 Det. 文献值 Lit.	126.9 127.0	

2.2.4 湿地松酸的分离与鉴定

国内研究者用气相色谱分析中国松属松脂时,由于湿地松酸和海松酸峰的重叠,一直不能检出湿地松酸。本文利用 DB-5 毛细管柱成功地将二种酸分离,并用气-质联用仪得到鉴定。

湿地松酸甲酯 MS(m/e)316(M^+,26.8),175(61),161(24),148(32),147(32),134(39),121(71),119(61),97(51),93(73),81(89),79(100),67(29),57(70),41(90)。

海松酸甲酯 MS(m/e)316(M^+,8.8),257(9),181(15),180(19),148(10),133(12),122(11),121(100),119(11),107(10),93(12),91(14),81(10),79(11),55(10)。

如果要得到纯湿地松酸,可以采用 Joye N M 和 Lawrence R V(1963)方法,或 DEAE-Sephadex 方法得到。

2.2.5 松柏烯的分离与鉴定

1965 年,Dauben W G 曾从松树松脂中分离并鉴定出松柏烯化学结构。卢德昆等(1983)从蒸馏粗木松节油(来自红松明子)的釜残中分离和鉴定出松柏烯(Cembrene),并进行 UV,IR,和 NMR 分析。在中国松属松脂中尚未见关于松柏烯的报道。本文在分析油松等松脂时发现其中含有松柏烯。采用气-质联用仪鉴定:MS(m/e),272(M^+,21),229(16),107(56),105(65),93(100),91(84),81(85),79(67),69(33),67(35),55(25)。

Chapter 2　Tapping and Analyzing of Oleoresins

Smith P M recommended that chemotaxonomic investigations consist of 6 steps：(1) collection of appropriate samples；(2) selection of suitable techniques for chemical analysis；(3) analysis of samples；(4) collection and comparison of information from other sources；(5) determination of taxonomy；(6) analysis of data. Using these steps，the author investigated the relationship between taxonomy and oleoresin chemical composition for approximately 50 pine tree species.

Five to ten individual pine trees were randomly selected from the central distributions of each pine species. Fresh oleoresin from cuts in the tree's trunk approxiuately 1.0～1.5 meters above the ground was collected using glass tubes. After collection，these tubes were sealed and stored in a refrigerator for future analysis (Tables 2.1～2.3).

The author recommends a method for direct analysis of oleoresins by GC－MS. This analysis uses a standard 30 m×0.32 mm DB-5 capillary column and a temperature program that initially heats the stored sample at 60 ℃ for 2 minutes and then increases the applied temperature at a rate of 4 ℃/min until a final temperature of 260 ℃ is reached. This method was shown to be quick，simple，and reproducible. Further，this method avoids the complicated separation of the neutral and acidic components for separate analysis as well as the potential isomerization of the acidic components caused by increased temperatures prior to separation. The one disadvantage of this method is the inability of the capillary column to separate palustric acid from levopimaric acid. However, if necessary, these two resin acids can be separated using a QF-1 capillary column

The author isolated and identified lambertianic acid, communic acid and cembrene (Table 2.4) from the oleoresins of pine trees in China for the first time.

第 3 章　松属各树种松脂的化学特征

分析结果表明，松脂中存在 50 多种含量高于 0.1%的化合物。其中单萜类化合物主要有 α-蒎烯、莰烯、β-蒎烯、α-香叶烯、苧烯和 α-萜品烯等；倍半萜类化合物主要有长叶烯、石竹烯等；双萜类化合物主要有 8，15-异海松酸、海松酸、湿地松酸、山达海松酸、异海松酸、长叶松酸、左旋海松酸、糖松酸、去氢枞酸、枞酸和新枞酸等。现将中国松属各树种包括引种树种及部分国外树种的松脂特征按各树种外文名的第一个字母排列次序分别列出。

华山松　*Pinus armandi* Franch.

又名白松、五须松、果松、青松、五叶松。

分布地区：宁夏六盘山，山西中条山，经陕西华山，河南嵩山，西至甘肃辛家山；甘肃南部，青海东部向南经云、贵、川，至西藏雅鲁藏布江下游。

采集地点：山西中条山（34.8°N，110.5°E）。

松脂特征：

单萜类——含量 26.9%，检出 9 个组分。

组分 Components	α-蒎烯 α-Pinene	莰烯 Camphene	β-蒎烯 β-Pinene	α-香叶烯 α-Myrcene	β-香叶烯 β-Myrcene
含量（%） Content	21.8	0.3	2.3	0.6	0.6
组分 Components	苧烯 Limonene	α-萜品烯 α-Terpinene	莰醇-1 1-Borneol	α-萜品醇 α-Terpineol	
含量（%） Content	0.8	0.1	0.2	0.2	

倍半萜类——含量2.4%，检出9个组分。

组分 Components	α-毕澄茄烯 α-Cubebene	β-玷玔烯 β-Copaene	异长叶烯 Isolongifolene	长叶烯 Longifolene	石竹烯 Caryophyllene
含量(%) Content	Tr*	0.1	Tr	1.7	0.3
组分 Components	α-律草烯 α-Humulene	反-β-金合欢烯 trans-β-Farnesene	香树烯 Aromadendrene	雪松醇 Cedrol	
含量(%) Content	Tr	0.2	0.1	Tr	

* Tr表示痕量，下同。

双萜类——含量69.8%，检出22个组分，其中枞酸型树脂酸31.9%，海松酸/异海松酸型树脂酸16.7%。

组分 Components	8,13-海松烯 8,13-Pimarene	异贝壳杉烯 Isokaurene	8,13-枞二烯 8,13-Abietadiene	阿替斯-15-烯 Atis-15-ene
含量(%) Content	Tr	Tr	0.1	0.2
组分 Components	海松醛 Pimaral	山达海松醛 Sandaracopimaral	8,15-异海松酸 8,15-Isopimaric acid	海松酸 Pimaric acid
含量(%) Content	0.9	3.3	1.0	0.4
组分 Components	湿地松酸 Communic acid	山达海松酸 Sandaracopimaric acid	海松醇 Pimarol	异海松酸 Isopimaric acid
含量(%) Content	2.6	1.3	0.1	14.0
组分 Components	长叶松酸/左旋海松酸 Palustric acid/levopimaric acid	糖松酸 Lambertianic acid		
含量(%) Content	7.7	12.1		
组分 Components	去氢枞酸 Dehydroabietic acid	8,12-枞二烯酸 8,12-Abietadienoic acid	枞酸 Abietic acid	
含量(%) Content	0.7	0.5	20.1	
组分 Components	6,8,11,13-枞四烯酸 6,8,11,13-Abietatetraenoic acid	新枞酸 Neoabietic acid		
含量(%) Content	0.4	4.1		
组分 Components	7,13,15-枞三烯酸 7,13,15-Abietatrienoic acid	7α-羟基去氢枞酸 7α-Hydroxydehydroabietic acid		
含量(%) Content	0.2	0.1		

由上表可以看出华山松松脂特点：

(1) 检出组分很多，约 40 个。

(2) 单萜类含量约 26.9%，检出 9 个组分。其中 α-蒎烯 21.8%；β-蒎烯 2.3%。

(3) 倍半萜类含量约 2.4%，检出 9 个组分。其中长叶烯 1.7%；石竹烯 0.3%。

(4) 双萜类含量较高，约 69.8%，检出组分较多，约 22 个。海松酸/异海松酸型树脂酸含量较高，约 16.7%，其中异海松酸含量高达 14.0%。枞酸型树脂酸含量很低，约 31.9%，其中长叶松酸和左旋海松酸含量仅 7.7%；而枞酸含量高达 20.1%。另外，糖松酸和山达海松醛含量较高，分别为 12.1%和 3.3%；去氢枞酸含量很低，仅 0.7%。

变种：**台湾果松**　***Pinus armandi*** **Franch. var.** ***mastersiana*** **(Hayata) Hayata** 分布于台湾中部以北地区，为我国特有树种。

北美短叶松　*Pinus banksiana* Lamb.

又名短叶松。

分布地区：原产北美北部。我国引种栽培。

采集地点：浙江富阳(30.9°N，119.9°E)。

松脂特征：

单萜类——含量 50.4%，检出 7 个组分。

组分 Components	α-蒎烯 α-Pinene	莰烯 Camphene	β-蒎烯 β-Pinene	α-香叶烯 α-Myrcene	苧烯 Limonene
含量(%) Content	44.1	0.5	4.6	0.6	0.6
组分 Components	α-萜品烯 α-Terpinene	十三烷 Tridecane			
含量(%) Content	Tr	Tr			

倍半萜类——只检出 2 个痕量组分。

组分 Components	α-柏木烯 α-Cedrene	石竹烯 Caryophyllene
含量(%) Content	Tr	Tr

双萜类——含量 49.0%，检出 16 个组分，其中枞酸型树脂酸 42.5%，海松酸/异海松酸型树脂酸 2.0%。

组分 Components	8,13-海松烯 8,13-Pimarene	8,13-枞二烯 8,13-Abietadiene	山达海松醛 Sandaracopimaral
含量(%) Content	Tr	Tr	0.4
组分 Components	8,15-异海松酸 8,15-Isopimaric acid	海松酸 Pimaric acid	湿地松酸 Communic acid
含量(%) Content	Tr	0.3	1.5
组分 Components	山达海松酸 Sandaracopimaric acid	异海松酸 Isopimaric acid	
含量(%) Content	0.8	0.9	
组分 Components	长叶松酸/左旋海松酸 Palustric acid/levopimaric acid	去氢枞酸 Dehydroabietic acid	
含量(%) Content	31.1	1.7	
组分 Components	8,12-枞二烯酸 8,12-Abietadienoic acid	枞酸 Abietic acid	新枞酸 Neoabietic acid
含量(%) Content	0.5	4.9	6.5
组分 Components	7,13,15-枞三烯酸 7,13,15-Abietatrienoic acid	7α-羟基去氢枞酸 7α-Hydroxydehydroabietic acid	
含量(%) Content	0.4	Tr	

由上表可以看出北美短叶松松脂特点：

（1）检出组分较少，约 25 个。

（2）单萜类含量高达 50.4%，检出组分较少，约 7 个。其中 α-蒎烯含量高达 44.1%；β-蒎烯约 4.6%。

（3）在倍半萜类中，只检出 2 个痕量组分。

（4）双萜类含量较低，约 49.0%，检出组分较少，约 16 个组分。海松酸/异海松酸型树脂酸含量很低，约 2.0%，其中异海松酸含量仅 0.9%。同时，枞酸含量很低，仅 4.9%。

白皮松　*Pinus bungeana* Zucc. ex Endl.

又名白骨松、三针松、白果松、虎皮松、蟠龙松。为我国特有树种。

分布地区：山西南部，河南西部，陕西秦岭，甘肃南部，四川北部，湖北西部，南至长江流域。

采集地点：山西省中条山(34.8°N,110.5°E)。

松脂特征：

单萜类——含量 46.2%，检出 10 个组分。

组分 Components	α-蒎烯 α-Pinene	莰烯 Camphene	β-蒎烯 β-Pinene	α-香叶烯 α-Myrcene	β-香叶烯 β-Myrcene
含量(%) Content	19.2	0.4	24.3	0.5	0.6
组分 Components	苧烯 Limonene	α-萜品烯 α-Terpinene	1-莰醇 1-Borneol	对烯丙基茴香醚 p-Allylanisole	
含量(%) Content	1.1	Tr	0.1	Tr	
组分 Components	α-萜品醇 α-Terpineol				
含量(%) Content	Tr				

倍半萜类——含量 2.4%，检出 9 个组分。

组分 Components	长叶烯 Longifolene	石竹烯 Caryophyllene	α-律草烯 α-Humulene	反-β-金合欢烯 trans-β-Farnesene
含量(%) Content	Tr	0.8	Tr	0.1
组分 Components	β-愈创木烯 β-Guaiene	γ-榄香烯 γ-Elemene	香树烯 Aromadendrene	β-榄香烯 β-Elemene
含量(%) Content	1.5	Tr	Tr	Tr
组分 Components	雪松醇 Cedrol			
含量(%) Content	Tr			

双萜类——含量 49.5%，检出 20 个组分，其中枞酸型树脂酸 34.9%，海松酸/异海松酸型树脂酸 12.0%。

组分 Components	8,13-海松烯 8,13-Pimarene	异贝壳杉烯 Isokaurene	海松醛 Pimaral	山达海松醛 Sandaracopimaral
含量(%) Content	0.1	Tr	Tr	Tr

续表

组分 Components	8,15-异海松酸 8,15-Isopimaric acid	海松酸 Pimaric acid	湿地松酸 Communic acid
含量(%) Content	2.1	0.2	0.1
组分 Components	山达海松酸 Sandaracopimaric acid	异海松酸 Isopimaric acid	
含量(%) Content	1.7	8.0	
组分 Components	长叶松酸/左旋海松酸 Palustric acid/levopimaric acid	糖松酸 Lambertianic acid	
含量(%) Content	22.9	0.2	
组分 Components	去氢枞酸 Dehydroabietic acid	8,13(15)-枞二烯酸 8,13(15)Abietadienoic acid	
含量(%) Content	1.2	0.4	
组分 Components	8,12-枞二烯酸 8,12-Abietadienoic acid	枞酸 Abietic acid	
含量(%) Content	0.2	5.3	
组分 Components	6,8,11,13-枞四烯酸 6,8,11,13-Abietatetraenoic acid	新枞酸 Neoabietic acid	
含量(%) Content	0.2	6.7	
组分 Components	7,13,15-枞三烯酸 7,13,15-Abietatrienoic acid	7α-羟基去氢枞酸 7α-Hydroxydehydroabietic acid	
含量(%) Content	0.2	Tr	

由上表可以看出白皮松松脂特点：

(1) 检出组分较多，约 39 个。

(2) 单萜类含量很高，约 46.2%，检出组分较多，约 10 个。其中 α-蒎烯 19.2%；而 β-蒎烯含量很高，达 24.3%。

(3) 倍半萜类含量 2.4%，检出 9 个组分。其中长叶烯痕量；石竹烯 0.8%；还有 β-愈创木烯 1.5%。

(4) 双萜类含量较低，约 49.5%，检出 20 个组分。其中 8,15-异海松酸含量 2.1%；糖松酸含量仅 0.2%。

加勒比松 *Pinus caribaea* Morelet

有 3 个地理变种：**古巴加勒比松 *Pinus caribaea* Morel et var. *caribaea***
洪都拉斯加勒比松 *Pinus caribaea* var. *hondurensis* Barrett et Golfari
巴哈马加勒比松 *Pinus caribaea* var. *bahamensis* Barrett et Golfari

分布地区：原产加勒比海地区，我国引种栽培。

采集地点：浙江富阳(30.9°N，119.9°E)。

松脂特征：

单萜类——含量 37.2%～41.1%，检出 8 个组分。

组 分 Components	含 量(%) Content		
	古巴加勒比松 *P. caribaea*	洪都拉斯加勒比松 *P. hondurensis*	巴哈马加勒比松 *P. bahamensis*
α-蒎烯 α-Pinene	29.2	22.0	19.9
莰烯 Camphene	0.5	0.4	0.3
β-蒎烯 β-Pinene	1.7	1.2	1.3
α-香叶烯 α-Myrcene	0.7	0.9	0.8
3-蒈烯 3-Carene	0.1	0.4	0.4
苧烯 Limonene	6.4	15.5	14.4
α-萜品烯 α-Terpinene	Tr	Tr	Tr
α-萜品醇 α-Terpineol	0.3	0.7	0.1

倍半萜类——均未检出。

双萜类——含量 58.4%～62.4%，检出 17～18 个组分，其中枞酸型树脂酸 49.4%，海松酸/异海松酸型树脂酸 5.1%。

组　分 Components	含　量(%) Content		
	古巴加勒比松 *P. caribaea*	洪都拉斯加勒比松 *P. hondurensis*	巴哈马加勒比松 *P. bahamensis*
8,13-海松烯 8,13-Pimarene	Tr	Tr	Tr
8,13-枞二烯 8,13-Abietadiene	Tr	Tr	Tr
阿替斯-15-烯 Atis-15-ene	Tr	Tr	Tr
山达海松醛 Sandaracopimaral	Tr	0.2	0.1
8,15-异海松酸 8,15-Isopimaric acid	Tr	Tr	0.1
海松酸 Pimaric acid	0.2	0.3	0.8
湿地松酸 Communic acid	1.8	2.0	1.9
山达海松酸 Sandaracopimaric acid	1.6	1.8	2.2
异海松酸 Isopimaric acid	3.3	4.9	7.7
长叶松酸/左旋海松酸 Palustric/levopimaric acid	25.3	23.6	28.7
去氢枞酸 Dehydroabietic acid	2.7	3.9	2.7
8,12-枞二烯酸 8,12-Abietadienoic acid	0.4	0.7	0.6
枞酸 Abietic acid	12.6	10.6	7.4
6,8,11,13-枞四烯酸 6,8,11,13-Abietadienoic acid			0.1
新枞酸 Neoabietic acid	11.5	8.9	9.4
7,13,15-枞三烯酸 7,13,15-Abietatrienoic acid	1.0	1.3	0.6
7α-羟基去氢枞酸 7α-Hyodroxydehydroabietic acid	0.2	0.2	0.1

由表上可以看出加勒比松松脂特点：

(1) 检出组分较少，约 25～26 个。

(2) 单萜类含量较高，约 37.2%～41.1%，检出 8 个组分。其中 α-蒎烯含量 19.9%～29.2%；β-蒎烯 1.2%～1.7%；而苧烯含量很高，达 6.4%～15.5%。

(3) 没有检出倍半萜类化合物。

(4) 双萜类含量约 58.4%～62.4%，检出 17～18 个组分。枞酸型树脂酸含量较高，约 43.1%～49.4%。海松酸/异海松酸型树脂酸含量为 5.1%～10.8%

(5) 加勒比松各变种的松脂化学特征基本相似：检出组分 25～26 个，都有较高数量苧烯；没有检出倍半萜类化合物；枞酸型树脂酸含量相似。

沙松　*Pinus clausa* (Chapm.) Vasey

分布地区：原产于美国南部。我国引种栽培。

采集地点：浙江富阳(30.9°N，119.9°E)。

松脂特征：

单萜类——含量 49.1%，检出 8 个组分。

组分 Components	α-蒎烯 α-Pinene	莰烯 Camphene	β-蒎烯 β-Pinene	α-香叶烯 α-Myrcene	苧烯 Limonene
含量(%) Content	10.7	0.3	36.0	0.6	1.4
组分 Components	α-萜品烯 α-Terpinene	α-萜品醇 α-Terpineol	十三烷 Tridecane		
含量(%) Content	Tr	0.1	Tr		

倍半萜类——未检出。

双萜类——含量 50.0%，检出 22 个组分，其中枞酸型树脂酸 40.8%，海松酸/异海松酸型树脂酸 3.3%。

组分 Components	8,13-海松烯 8,13-Pimarene	异贝壳杉烯 Isokaurene	8,13-枞二烯 8,13-Abietadiene	阿替斯-15-烯 Atis-15-ene
含量(%) Content	Tr	Tr	Tr	0.1
组分 Components	海松醛 Pimaral	山达海松醛 Sandaracopimaral	8,15-异海松酸 8,15-Isopimaric acid	海松酸 Pimaric acid
含量(%) Content	0.1	0.2	0.1	0.3

续表

组分 Components	湿地松酸 Communic acid	山达海松酸 Sandaracopimaric acid	海松醇 Pimaric acid	异海松酸 Isopimaric acid
含量(%) Content	1.5	1.9	Tr	1.0
组分 Components	长叶松酸/左旋海松酸 Palustric acid/levopimaric acid	去氢枞酸 Dehydroabietic acid		
含量(%) Content	26.7	2.4		
组分 Components	8,13(15)-枞二烯酸 8,13(15)-Abietadienoic acid	8,12-枞二烯酸 8,12-Abietadienoic acid	枞酸 Abietic acid	
含量(%) Content	0.1	0.3	6.8	
组分 Components	6,8,11,13-枞四烯酸 6,8,11,13-Abietatetraenoic acid	新枞酸 Neoabietic acid		
含量(%) Content	0.1	7.3		
组分 Components	7,13,15-枞三烯酸 7,13,15-Abietatrienoic acid	7α-羟基去氢枞酸 7α-Hydroxydehydroabietic acid		
含量(%) Content	0.8	0.3		

由上表可以看出沙松松脂特点：

(1) 检出组分较少，约 30 个。

(2) 单萜类含量很高，达 49.1%，检出 8 个组分。其中 α-蒎烯含量较低，约 10.7%；而 β-蒎烯含量高达 36.0%。

(3) 没有检出倍半萜类化合物。

(4) 双萜类含量较低，约 50.0%，检出组分较多，约 22 个。其中异海松酸含量很低，仅 1.0%。

大别山五针松 *Pinus dabeshanensis* Cheng et Law

又名安徽五针松。为我国特有树种。

分布地区：安徽西南部和湖北东部的大别山区。

采集地点：安徽省大别山区(30.9°N，116.4°E)。

松脂特征：

单萜类——含量 29.4%，检出 9 个组分。

组分 Components	α-蒎烯 α-Pinene	莰烯 Camphene	β-蒎烯 β-Pinene	α-香叶烯 α-Myrcene	苧烯 Limonene
含量(%) Content	24.2	0.2	3.3	0.4	0.7
组分 Components	α-萜品烯 α-Terpinene	十一烷 Undecane	α-萜品醇 α-Terpineol	十三烷 Tridecane	
含量(%) Content	Tr	0.5	Tr	0.1	

倍半萜类——含量1.6%,检出12个组分。

组分 Components	α-荜澄茄烯 α-Cubebene	β-玷玴烯 β-Copaene	异长叶烯 Isolongifolene	长叶烯 Longifolene
含量(%) Content	Tr	0.3	Tr	0.2
组分 Components	石竹烯 Caryophyllene	α-律草烯 α-Humulene	反-β-金合欢烯 trans-β-Farnesene	β-石竹烯 β-Cayophyllene
含量(%) Content	Tr	Tr	Tr	0.2
组分 Components	β-愈创木烯 β-Guaiene	γ-榄香烯 γ-Elemene	β-防风根烯 β-Bisabolene	β-榄香烯 β-Elemene
含量(%) Content	0.1	0.2	0.6	Tr

双萜类——含量68.1%,检出21个组分,其中枞酸型树脂酸35.7%,海松酸/异海松酸型树脂酸16.7%。

组分 Components	异贝壳杉烯 Isokaurene	8,13-枞二烯 8,13-Abietadiene	阿替斯-15-烯 Atis-15-ene	松柏烯 Cembrene
含量(%) Content	Tr	Tr	0.1	1.2
组分 Components	海松醛 Pimaral	山达海松醛 Sandaracopimaral	8,15-异海松酸 8,15-Isopimaric acid	海松酸 Pimaric acid
含量(%) Content	0.2	0.9	0.8	0.4
组分 Components	湿地松酸 Communic acid	山达海松酸 Sandaracopimaric acid	异海松酸 Isopimaric acid	
含量(%) Content	0.4	0.8	14.7	

续表

组分 Components	长叶松酸/左旋海松酸 Palustric acid/levopimaric acid	糖松酸 Lambertianic acid	
含量(%) Content	9.2	10.9	
组分 Components	去氢枞酸 Dehydroabietic acid	8,12-枞二烯酸 8,12-Abietadienoic acid	枞酸 Abietic acid
含量(%) Content	0.9	0.3	20.5
组分 Components	6,8,11,13-枞四烯酸 6,8,11,13-Abietatetraenoic acid	新枞酸 Neoabietic acid	
含量(%) Content	0.3	6.0	
组分 Components	7,13,15-枞三烯酸 7,13,15-Abietatrienoic acid	7α-羟基去氢枞酸 7α-Hydroxydehydroabietic acid	
含量(%) Content	0.4	0.1	

由上表可以看出大别山五针松松脂特点:

(1) 检出组分很多,约42个。

(2) 单萜类含量约29.4%,检出9个组分。其中α-蒎烯24.2%;β-蒎烯3.3%。

(3) 倍半萜类含量1.6%,检出组分较多,约12个。其中长叶烯0.2%;石竹烯痕量。

(4) 双萜类含量较高,约68.1%,检出21个组分。海松酸/异海松酸型树脂酸含量很高,约16.7%,其中异海松酸含量高达14.7%。同时,长叶松酸和左旋海松酸含量很低,仅9.2%;而枞酸含量很高,达20.5%。另外,糖松酸含量较高,约10.9%;松柏烯1.2%。

高山松 *Pinus densata* Mast.

又名西康油松、西康赤松。为我国特有树种。

分布地区:青海南部、四川西部、西藏东部和云南西北部等一带。

采集地点:云南丽江(27.0°N,100.3°E)。

松脂特征:

单萜类——含量33.7%,检出10个组分。

组分 Components	α-蒎烯 α-Pinene	莰烯 Camphene	β-水芹烯 β-Phellandrene	β-蒎烯 β-Pinene	α-香叶烯 Myrcene
含量(%) Content	4.4	0.1	0.5	0.6	0.9
组分 Components	3-蒈烯 3-Carene	苧烯 Limonene	γ-萜品烯 γ-Terpinene	α-萜品烯 α-Terpinene	α-萜品醇 α-Terpineol
含量(%) Content	15.0	9.7	0.2	1.9	0.4

倍半萜类——含量 2.2%，检出 6 个组分。

组分 Components	α-柏木烯 α-Cedrene	β-玷玾烯 β-Copaene	异长叶烯 Isolongifolene	长叶烯 Longifolene
含量(%) Content	0.1	Tr	Tr	1.1
组分 Components	石竹烯 Caryophyllene	反-β-金合欢烯 trans-β-Farnesene		
含量(%) Content	0.8	0.2		

双萜类——含量 62.9%，检出 22 个组分，其中枞酸型树脂酸 46.2%，海松酸/异海松酸型树脂酸 7.1%。

组分 Components	8,13-海松烯 8,13-Pimarene	异贝壳杉烯 Isokaurene	8,13-枞二烯 8,13-Abietadiene	阿替斯-15-烯 Atis-15-ene
含量(%) Content	0.1	0.1	Tr	0.1
组分 Components	海松醛 Pimaral	山达海松醛 Sandaracopimaral	8,15-异海松酸 8,15-Isopimaric acid	异海松醛 Isopimarol
含量(%) Content	1.1	0.7	3.5	1.0
组分 Components	海松酸 Pimaric acid	湿地松酸 Communic acid	山达海松酸 Sandaracopimaric acid	海松醇 Pimarol
含量(%) Content	0.9	2.1	1.5	0.1
组分 Components	异海松酸 Isopimaric acid	长叶松酸/左旋海松酸 Palustric acid/levopimaric acid	去氢枞酸 Dehydroabietic acid	
含量(%) Content	1.2	28.0	2.9	

续表

组分 Components	8,12-枞二烯酸 8,12-Abietadienoic acid	枞酸 Abietic acid
含量(%) Content	0.2	8.9
组分 Components	6,8,11,13-枞四烯酸 6,8,11,13-Abietatetraenoic acid	新枞酸 Neoabietic acid
含量(%) Content	0.1	9.3
组分 Components	7,13,15-枞三烯酸 7,13,15-Abietatrienoic acid	7α-羟基去氢枞酸 7α-Hydroxydehydroabietic acid
含量(%) Content	0.7	0.4

由上表可以看出高山松松脂特点：

(1) 检出组分较多，约 38 个。

(2) 单萜类含量约 33.7%，检出组分较多，约 10 个。其中 α-蒎烯和 β-蒎烯含量均很低，约 4.4% 和 0.6%。而 3-蒈烯和苧烯含量很高，约 15.0%和 9.7%；还有 α-萜品烯 1.9%。

(3) 倍半萜类含量约 2.2%，检出 6 个组分。其中长叶烯 1.1%；石竹烯 0.8%。

(4)双萜类含量约 62.9%，检出组分较多，约 22 个。其中 8,15-异海松酸含量较高，约 3.5%；还有海松醛 1.1%；异海松醛 1.0%。

赤松 ***Pinus densiflora*** **Sieb. et Zucc.**

又名日本赤松、灰果赤松、短叶赤松、辽东赤松。

分布地区：黑龙江东南部，经吉林长白山区、辽宁中部至辽东半岛、胶东半岛达江苏东北部。日本、朝鲜、俄罗斯也有分布。

采集地点：辽宁大连(38.9°～121.5°E)。

松脂特征：

单萜类——含量 35.3%，检出 6 个组分。

组分 Components	α-蒎烯 α-Pinene	莰烯 Camphene	β-蒎烯 β-Pinene	α-香叶烯 α-Myrcene	苧烯 Limonene
含量(%) Content	31.5	0.6	1.8	0.4	1.0

续表

组分 Components	γ-萜品烯 γ-Terpinene
含量(%) Content	Tr

倍半萜类——含量 5.9%，检出 8 个组分。

组分 Components	α-柏木烯 α-Cedrene	β-玷玔烯 β-Copaene	异长叶烯 Isolongifolene	长叶烯 Longifolene
含量(%) Content	0.2	0.3	0.1	4.9
组分 Components	石竹烯 Caryophyllene	反-β-金合欢烯 trans-β-Farnesene	β-防风根烯 β-Bisabolene	雪松醇 Cedrol
含量(%) Content	0.1	0.1	0.1	0.1

双萜类——含量 58.6%，检出 18 个组分，其中枞酸型树脂酸 44.3%，海松酸/异海松酸型树脂酸 2.9%。

组分 Components	8,13-枞二烯 8,13-Abietadiene	阿替斯-15-烯 Atis-15-ene	山达海松醛 Sandaracopimaral
含量(%) Content	Tr	Tr	0.9
组分 Components	8,15-异海松酸 8,15-Isopimaric acid	海松酸 Pimaric acid	湿地松酸 Communic acid
含量(%) Content	Tr	0.5	2.9
组分 Components	山达海松酸 Sandaracopimaric acid	海松醇 Pimarol	异海松酸 Isopimaric acid
含量(%) Content	1.8	Tr	0.6
组分 Components	长叶松酸/左旋海松酸 Palustric acid/levopimaric acid	去氢枞酸 Dehydroabietic acid	
含量(%) Content	31.4	5.7	
组分 Components	8,12-枞二烯酸 8,12-Abietadienoic acid	枞酸 Abietic acid	
含量(%) Content	0.2	6.0	

续表

组分 Components	6,8,11,13-枞四烯酸 6,8,11,13-Abietatetraenoic aicd	新枞酸 Neoabietic acid
含量(%) Content	0.2	6.9
组分 Components	7,13,15-枞三烯酸 7,13,15-Abietatrienoic acid	7α-羟基去氢枞酸 7α-Hydroxydehydroabietic acid
含量(%) Content	1.1	0.4

由上表可以看出赤松松脂特点：

(1) 检出组分约 32 个。

(2) 单萜类含量约 35.3%，检出组分较少，约 6 个。其中 α-蒎烯含量较高，约 31.5%；β-蒎烯 1.8%。

(3) 倍半萜类含量较高，约 5.9%，检出 8 个组分。其中长叶烯含量较高，约 4.9%；石竹烯 0.1%。

(4) 双萜类含量约 58.6%，检出 18 个组分。其中去氢枞酸含量较高，约 5.7%。

栽培变种：**球冠赤松** ***Pinus densiflora*** **Sieb. et Zucc. var.** ***globosa*** **Mayr**（观赏用）

千头赤松 ***Pinus densiflora*** **Sieb. et Zucc. var.** ***umbraculfera*** **Mayr**

萌芽松 ***Pinus echinata*** **Mill.**

分布地区：原产北美。我国引种栽培。

采集地点：浙江富阳(30.9°N，119.9°E)。

松脂特征：

单萜类——含量 29.1%，检出 10 个组分。

组分 Components	α-蒎烯 α-Pinene	莰烯 Camphene	β-蒎烯 β-Pinene	α-香叶烯 α-Myrcene	3-蒈烯 3-Carene
含量(%) Content	9.9	0.1	8.0	0.5	8.6

续表

组分 Components	苧烯 Limonene	γ-萜品烯 γ-Terpinene	α-松油烯 α-Terpinene	α-萜品醇 α-Terpineol	十三烷 Tridecane
含量(%) Content	0.5	0.1	0.9	0.4	0.1

倍半萜类——含量0.1%,仅检出1个组分。

组分 Components	石竹烯 Caryophyllene
含量(%) Content	0.1

双萜类——含量69.8%,检出18个组分,其中枞酸型树脂酸57.1%,海松酸/异海松酸型树脂酸2.1%。

组分 Components	8,13-海松烯 8,13-Pimarene	8,13-枞二烯 8,13-Abietadiene	海松醛 Pimaral	山达海松醛 Sandaracopimaral
含量(%) Content	Tr	Tr	Tr	0.5
组分 Components	8,15-异海松酸 8,15-Isopimaric acid	海松酸 Pimaric acid	湿地松酸 Communic acid	
含量(%) Content	0.1	0.2	3.4	
组分 Components	山达海松酸 Sandaracopimaric acid	异海松酸 Isopimaric acid		
含量(%) Content	1.2	0.6		
组分 Components	长叶松酸/左旋海松酸 Palustric acid/levopimaric acid	去氢枞酸 Dehydroabietic acid		
含量(%) Content	41.4	4.9		
组分 Components	8,12-枞二烯酸 8,12-Abietadienoic acid	枞酸 Abietic acid		
含量(%) Content	0.2	6.8		
组分 Components	6,8,11,13-枞四烯酸 6,8,11,13-Abietatetraenoic acid	新枞酸 Neoabietic acid		
含量(%) Content	0.1	8.9		

续表

组分 Components	7,13,15-枞三烯酸 7,13,15-Abietatrienoic acid	7α-羟基去氢枞酸 7α-Hydroxydehydroabietic acid
含量(%) Content	1.1	0.4

由上表可以看出萌芽松松脂特点：

(1) 检出组分较少，约 29 个。

(2) 单萜类含量约 29.1%，检出组分较多，约 10 个。其中 α-蒎烯含量较低，约 9.9%；而 β-蒎烯和 3-蒈烯含量较高，分别为 8.0% 和 8.6%。

(3) 在倍半萜类中只检出石竹烯 0.1%，1 个组分。

(4) 双萜类含量较高，约 69.8%，检出 18 个组分。海松酸/异海松酸型树脂酸含量很低，约 2.1%，其中异海松酸含量仅 0.6%。枞酸型树脂酸含量很高，约 57.1%，其中长叶松酸和左旋海松酸含量高达 41.4%。

湿地松 *Pinus elliottii* Engelm.

分布地区：原产北美。我国广为引种栽培。

采集地点：广东湛江(21.2°N,110.4°E)。

松脂特征：

单萜类——含量 32.6%，检出 9 个组分。

组分 Components	α-蒎烯 α-Pinene	莰烯 Camphene	β-蒎烯 β-Pinene	α-香叶烯 α-Myrcene	3-蒈烯 3-Carene
含量(%) Content	15.5	0.3	12.6	0.4	Tr
组分 Components	苧烯 Limonene	α-萜品烯 α-Terpinene	α-萜品醇 α-Terpineol	十三烷 Tridecane	
含量(%) Content	3.3	Tr	0.5	Tr	

倍半萜类——只检出痕量长叶烯。

双萜类——含量 67.1%，检出 20 个组分，其中枞酸型树脂酸 42.9%，海松酸/异海松酸型树脂酸 16.3%。

组分 Components	8,13-海松烯 8,13-Pimarene	8,13-枞二烯 8,13-Abietadiene	阿替斯-15-烯 Atis-15-ene	海松醛 Pimaral
含量(%) Content	Tr	Tr	Tr	Tr

续表

组分 Components	山达海松醛 Sandaracopimaral	8,15-异海松酸 8,15-Isopimaric acid	海松酸 Pimaric acid
含量(%) Content	0.3	0.1	0.9
组分 Components	湿地松酸 Communic acid	山达海松酸 Sandaracopimaric acid	异海松酸 Isopimaric acid
含量(%) Content	2.9	3.9	11.4
组分 Components	长叶松酸/左旋海松酸 Palustric acid/levopimaric acid	去氢枞酸 Dehydroabietic acid	
含量(%) Content	26.5	2.5	
组分 Components	8,13(15)-枞二烯酸 8,13(15)-Abietadienoic acid	8,12-枞二烯酸 8,12-Abietadienoic acid	枞酸 Abietic acid
含量(%) Content	0.1	0.5	4.8
组分 Components	6,8,11,13-枞四烯酸 6,8,11,13-Abietatetraenoic acid	新枞酸 Neoabietic acid	
含量(%) Content	0.1	11.6	
组分 Components	7,13,15-枞三烯酸 7,13,15-Abietatrienoic acid	7α-羟基去氢枞酸 7α-Hydroxydehydroabietic acid	
含量(%) Content	1.0	0.5	

由上表可以看出湿地松松脂特点：

(1) 检出组分较少，约 30 个。

(2) 单萜类含量约 32.6%，检出 9 个组分。其中 α-蒎烯含量较低，约 15.5%；而 β-蒎烯含量较高，约 12.6%；苧烯 3.3%。

(3) 在倍半萜类中，只检出痕量长叶烯。

(4) 双萜类含量约 67.1%，检出 20 个组分。海松酸/异海松酸型树脂酸含量很高，达 16.3%，其中山达海松酸和异海松酸含量都较高，分别为 3.9%和 11.4%。同时，枞酸含量很低，仅 4.8%；新枞酸含量较高，约 11.6%。

海南五针松　*Pinus fenzeliana* Hand.-Mzt.

又名海南松、粤松、海南五须松、葵花松、油松，为我国特有树种。

分布地区：海南西部，广西和贵州北部地区。

采集地点：海南尖峰岭（18.6°N，108.8°E）。

松脂特征：

单萜类——含量 30.9%，检出 8 个组分。

组分 Components	α-蒎烯 α-Pinene	莰烯 Camphene	β-蒎烯 β-Pinene	α-香叶烯 α-Myrcene	苧烯 Limonene
含量(%) Content	20.8	0.1	9.0	0.2	0.6
组分 Components	α-萜品烯 α-Terpinene	α-萜品醇 α-Terpineol	十三烷 Tridecane		
含量(%) Content	Tr	0.1	0.1		

倍半萜类——含量 3.0%，检出 9 个组分。

组分 Components	异长叶烯 Isolongifolene	长叶烯 Longifolene	石竹烯 Caryophyllene	α-律草烯 α-Humulene
含量(%) Content	Tr	0.5	0.6	Tr
组分 Components	反-β-金合欢烯 trans-β-Farnesene	β-愈创木烯 β-Guaiene	γ-榄香烯 γ-Elemene	
含量(%) Content	Tr	0.4	0.7	
组分 Components	香树烯 Aromadendrene	β-榄香烯 β-Elemene		
含量(%) Content	0.8	Tr		

双萜类——含量 65.6%，检出 16 个组分，其中枞酸型树脂酸 38.8%，海松酸/异海松酸型树脂酸 13.1%。

组分 Components	异贝壳杉烯 Isokaurene	海松醛 Pimaral	山达海松醛 Sandaracopimaral	8,15-异海松酸 8,15-Isopimaric acid
含量(%) Content	Tr	Tr	1.1	0.7
组分 Components	海松酸 Pimaric acid	湿地松酸 Communic acid	山达海松酸 Sandaracopimaric acid	
含量(%) Content	Tr	0.5	0.9	

续表

组分 Components	异海松酸 Isopimaric acid	长叶松酸/左旋海松酸 Palustric acid/levopimaric acid	糖松酸 Lambertianic acid
含量(%) Content	11.5	8.1	9.7
组分 Components	去氢枞酸 Dehydroabietic acid	枞酸 Abietic acid	6,8,11,13-枞四烯酸 6,8,11,13-Abietatetraenoic acid
含量(%) Content	1.5	23.3	0.1
组分 Components	新枞酸 Neoabietic acid	7,13,15-枞三烯酸 7,13,15-Abietatrienoic acid	
含量(%) Content	7.4	0.8	

由上表可以看出海南五针松松脂特点：

(1) 检出组分约 33 个。

(2) 单萜类含量约 30.9%，检出 8 个组分。其中 α-蒎烯 20.8%；而 β-蒎烯含量较高，约 9.0%。

(3) 倍半萜类含量约 3.0%，检出 9 个组分。其中长叶烯 0.5%；石竹烯 0.6%。

(4) 双萜类含量较高，约 65.6%，检出组分较少，约 16 个。其中海松酸痕量；枞酸含量很高，达 23.3%，长叶松酸和左旋海松酸含量很低，仅 8.1%；糖松酸含量较高，约 9.7%。

西芷白皮松 *Pinus. gerardiana* Wall.

分布地区：西芷西部扎达海拔 2700 米山区，喜马拉雅西北部至阿富汗也有分布。

采集地点：因故尚未采集到松脂。

松脂特征：西芷白皮松与白皮松属于同一白皮松组，所以西芷白皮松脂中单萜类含量可能较高，具有较高数量的 α-蒎烯和 β-蒎烯。倍半萜类含量较低；双萜类中异海松酸含量较高。

光松 *Pinus glabra* Walt.

分布地区：原产美国南部，我国引种栽培。

采集地点：浙江富阳(30.9°N，119.9°E)。

松脂特征：

单萜类——含量 43.2%，检出 8 个组分。

组分 Components	α-蒎烯 α-Pinene	莰烯 Camphene	β-蒎烯 β-Pinene	α-香叶烯 Myrcene	苧烯 Limonene
含量(%) Content	18.2	0.6	19.8	1.2	3.3
组分 Components	α-萜品烯 α-Terpinene	α-萜品醇 α-Terpineol	十三烷 Tridecane		
含量(%) Content	Tr	0.1	Tr		

倍半萜类——未检出。

双萜类——含量 56.0%，检出 21 个组分。其中枞酸型树脂酸 44.2%，海松酸/异海松酸型树脂酸 2.6%。

组分 Components	8,13-海松烯 8,13-Pimarene	8,13-枞二烯 8,13-Abietadiene	阿替斯-15-烯 Atis-15-ene	海松醛 Pimaral
含量(%) Content	Tr	Tr	Tr	Tr
组分 Components	山达海松醛 Sandaracopimaral	8,15-异海松酸 8,15-Isopimaric acid	海松酸 Pimaric acid	湿地松酸 Communic acid
含量(%) Content	0.3	0.1	0.2	2.0
组分 Components	山达海松酸 Sandaracopimaric acid	海松醇 Pimarol	异海松酸 Isopimaric acid	
含量(%) Content	1.4	0.1	0.9	
组分 Components	长叶松酸/左旋海松酸 Palustric acid/levopimaric acid	去氢枞酸 Dehydroabietic acid		
含量(%) Content	32.6	4.8		
组分 Components	8,13(15)-枞二烯酸 8,13(15)-Abietadienoic acid	8,12-枞二烯酸 8,12-Abietadienoic acid	枞酸 Abietic acid	
含量(%) Content	0.3	Tr	6.0	
组分 Components	6,8,11,13-枞四烯酸 6,8,11,13-Abietatetraenoic acid	新枞酸 Neoabietic acid		
含量(%) Content	0.1	5.6		

续表

组分 Components	7,13,15-枞三烯酸 7,13,15-Abietatrienoic acid	7α-羟基去氢枞酸 7α-Hydroxydehydroabietic acid
含量(%) Content	1.1	0.5

由上表可以看出光松松脂特点：

(1) 检出组分较少，约 29 个。

(2) 单萜类含量很高，约 43.2%，检出 8 个组分。其中 α-蒎烯 18.2%；而 β-蒎烯含量很高，达 19.8%；另外，苧烯 3.3%。

(3) 未检出倍半萜类化合物。

(4) 双萜类含量约 56.0%，检出 21 个组分。其中长叶松酸和左旋海松酸含量较高，约 32.6%。

格雷奇松 *Pinus greggii* Engelm.

分布地区：原产墨西哥。我国引种栽培。

采集地点：浙江富阳(30.9°N,119.9°E)。

松脂特征：

单萜类——含量 24.6%，检出 11 个组分。

组分 Components	α-蒎烯 α-Pinene	莰烯 Camphene	β-水芹烯 β-Phellandrene	β-蒎烯 β-Pinene	α-香叶烯 α-Myrcene
含量(%) Content	2.0	0.1	0.4	0.2	0.6
组分 Components	β-香叶烯 β-Myrcene	3-蒈烯 3-Carene	苧烯 Limonene	γ-萜品烯 γ-Terpinene	α-萜品烯 α-Terpinene
含量(%) Content	Tr	0.4	20.9	Tr	Tr
组分 Components	α-萜品醇 α-Terpineol				
含量(%) Content	Tr				

倍半萜类——含量 2.3%，检出 8 个组分。

组分 Components	β-玷玶烯 β-Copaene	异长叶烯 Isolongifolene	长叶烯 Longifolene	石竹烯 Caryophyllene
含量(%) Content	Tr	Tr	Tr	Tr

续表

组分 Components	β-愈创木烯 β-Guaiene	γ-榄香烯 γ-Elemene	香树烯 Aromadendrene	β-榄香烯 β-Elemene
含量(%) Content	2.3	Tr	Tr	Tr

双萜类——含量72.4%,检出21个组分。其中枞酸型树脂酸48.8%,海松酸/异海松酸型树脂酸5.5%。

组分 Components	8,13-海松烯 8,13-Pimarene	8,13-枞二烯 8,13-Abietadiene	阿替斯-15-烯 Atis-15-ene	海松醛 Pimaral
含量(%) Content	Tr	0.1	0.1	0.1
组分 Components	山达海松醛 Sandaracopimaral	8,15-异海松酸 8,15-Isopimaric acid	海松酸 Pimaric acid	
含量(%) Content	0.4	0.3	0.5	
组分 Components	湿地松酸 Communic acid	山达海松酸 Sandaracopimaric acid	海松醇 Pimarol	
含量(%) Content	7.0	1.1	0.5	
组分 Components	异海松酸 Isopimaric acid	长叶松酸/左旋海松酸 Palustric acid/levopimaric acid	糖松酸 Lambertianic acid	
含量(%) Content	3.6	34.3	2.8	
组分 Components	去氢枞酸 Dehydroabietic acid	8,12-枞二烯酸 8,12-Abietadienoic acid	枞酸 Abietic acid	
含量(%) Content	2.9	3.0	5.2	
组分 Components	6,8,11,13-枞四烯酸 6,8,11,13-Abietatraienoic acid	新枞酸 Neoabietic acid		
含量(%) Content	0.1	9.3		
组分 Components	7,13,15-枞三烯酸 7,13,15-Abietatrienoic acid	7α-羟基去氢枞酸 7α-Hydroxydehydroabietic acid		
含量(%) Content	0.8	0.3		

由上表可以看出格雷奇松松脂特点:

(1) 检出组分很多,约40个。

(2) 单萜类含量较低,约24.6%,检出组分较多,约11个。其中α-蒎烯和β-蒎烯含量很低,分别为2.0%和0.2%;而苧烯含量高达20.9%。

(3) 倍半萜类含量约2.3%,检出8个组分。其中长叶烯和石竹烯均为痕量;β-愈创木烯含量较高,约2.3%。

(4) 双萜类含量很高,达72.4%,检出21个组分。枞酸型树脂酸含量较高,约48.8%,其中长叶松酸和左旋海松酸含量约34.3%。此外,湿地松酸和8,12-枞二烯酸含量也较高,分别为7.0%和3.0%。

乔松 *Pinus griffithii* McClelland

分布地区:云南西北部,西藏南部和东南部。

采集地点:云南六库(25.9°N,98.9°E)。

松脂特征:

单萜类——含量40.0%,检出10个组分。

组分 Components	α-蒎烯 α-Pinene	莰烯 Camphene	β-蒎烯 β-Pinene	α-香叶烯 α-Myrcene	β-香叶烯 β-Myrcene
含量(%) Content	6.8	0.1	12.3	0.8	Tr
组分 Components	3-蒈烯 3-Carene	苧烯 Limonene	α-萜品烯 α-Terpinene	十一烷 Undecane	十三烷 Tridecane
含量(%) Content	0.1	19.4	0.1	0.1	0.3

倍半萜类——含量0.3%,检出3个组分。

组分 Components	石竹烯 Caryophyllene	α-律草烯 α-Humulene	反-β-金合欢烯 trans-β-Farnesene
含量(%) Content	0.1	0.1	0.1

双萜类——含量59.3%,检出19个组分。其中枞酸型树脂酸30.8%,海松酸/异海松酸型树脂酸13.2%。

组分 Components	8,13-海松烯 8,13-Pimarene	8,13-枞二烯 8,13-Abietadiene	阿替斯-15-烯 Atis-15-ene	海松醛 Pimaral
含量(%) Content	0.1	0.1	0.1	0.1
组分 Components	山达海松醛 Sandaracopimaral	8,15-异海松酸 8,15-Isopimaric acid	海松酸 Pimaric acid	
含量(%) Content	0.1	0.8	0.5	

续表

组分 Components	湿地松酸 Communic acid	山达海松酸 Sandaracopimaric acid	异海松酸 Isopimaric acid
含量(%) Content	3.0	0.7	11.2
组分 Components	长叶松酸/左旋海松酸 Palustric acid/levopimaric acid	糖松酸 Lambertianic acid	
含量(%) Content	9.2	11.0	
组分 Components	去氢枞酸 Dehydroabietic acid	8,12-枞二烯酸 8,12-Abietadienoic acid	枞酸 Abietic acid
含量(%) Content	0.4	0.1	17.0
组分 Components	新枞酸 Neoabietic acid	7,13,15-枞三烯酸 7,13,15-Abietatrienoic acid	
含量(%) Content	4.6	0.3	
组分 Components	7α-羟基去氢枞酸 7α-Hydroxydehydroabietic acid		
含量(%) Content	Tr		

由上表可以看出乔松松脂特点：

(1) 检出 32 个组分。

(2) 单萜类含量较高，约 40.0%，检出组分较多，约 10 个。其中 α-蒎烯含量很低，仅 6.8%；而 β-蒎烯含量较高，约 12.3%；苧烯含量更高，达 19.4%。

(3) 倍半萜类含量很低，约 0.3%，只检出 3 个组分。其中石竹烯 0.1%。

(4)双萜类含量约 59.3%，检出 19 个组分。枞酸型树脂酸含量很低，约 30.8%。其中长叶松酸和左旋海松酸含量仅 9.2%；而枞酸含量较高，约 17.0%。同时，异海松酸和糖松酸含量较高，分别为 11.2%和 11.0%。

地中海白松　*Pinus halepensis* Mill.

又名阿勒颇松。

分布地区：产于地中海地区。

采集地点：希腊 Halkididi 地区，树龄 50 和 55 年。采用 H_2SO_4 刺激剂

采脂。

松脂特征：

单萜类——含量 21.9%，检出 8 个组分。

组分 Components	α-蒎烯 α-Pinene	莰烯 Camphene	β-蒎烯 β-Pinene	α-香叶烯 α-Myrcene	β-香叶烯 β-Myrcene
含量(%) Content	20.5	0.2	0.2	0.5	0.2
组分 Components	苧烯 Limonene	莰醇-1 1-Borneol	对烯丙基茴香醚 *p*-Allylanisole		
含量(%) Content	0.1	0.2	Tr		

倍半萜类——含量 0.9%，检出 9 个组分。

组分 Components	β-玷玶烯 β-Copaene	异长叶烯 Isolongifolene	长叶烯 Longifolene	石竹烯 Caryophyllene	α-律草烯 α-Humulene
含量(%) Content	Tr	Tr	0.1	0.5	0.2
组分 Components	β-愈创木烯 β-Guaiene	γ-揽香烯 γ-Elemene	香树烯 Aromadendrene	β-揽香烯 β-Elemene	
含量(%) Content	Tr	0.1	Tr	Tr	

双萜类——含量 76.5%，检出 18 个组分。其中枞酸型树脂酸 61.8%，海松酸/异海松酸型树脂酸 8.7%。

组分 Components	8,13-海松烯 8,13-Pimarene	8,13-枞二烯 8,13-Abietadiene	阿替斯-15-烯 Atis-15-ene	海松醛 Pimaral
含量(%) Content	0.1	0.1	Tr	0.1
组分 Components	山达海松醛 Sandaracopimaral	8,15-异海松酸 8,15-Isopimaric acid	海松酸 Pimaric acid	
含量(%) Content	0.5	2.0	0.1	
组分 Components	湿地松酸 Communic acid	山达海松酸 Sandaracopimaric acid	异海松酸 Isopimaric acid	
含量(%) Content	0.1	2.1	4.5	

续表

组分 Components	长叶松酸/左旋海松酸 Palustric acid/levopimaric acid		去氢枞酸 Dehydroabietic acid
含量(%) Content	27.7		3.5
组分 Components	8,13(15)-枞二烯酸 8,13(15)-Abietadienoic acid	枞酸 Abietic acid	新枞酸 Neoabietic acid
含量(%) Content	0.2	26.3	7.8
组分 Components	7,13,15-枞三烯酸 7,13,15-Abietatrienoic acid		7α-羟基去氢枞酸 7α-Hydroxydehydroabietic acid
含量(%) Content	1.3		0.1

由上表可以看出地中海白松松脂特点:

(1) 检出组分约 35 个。

(2) 单萜类含量较低,约 21.9%,检出 8 个组分。其中 α-蒎烯 20.5%;β-蒎烯含量很低,仅 0.2%。

(3) 倍半萜类含量很低,约 0.9%,检出 9 个组分。其中长叶烯 0.1%;石竹烯 0.5%。

(4) 双萜类含量很高,约 76.5%,检出 18 个组分。枞酸型树脂酸含量高,约 61.8%,其中枞酸含量高达 26.3%,这是由于采脂时使用硫酸刺激剂,发生酸异构,使枞酸含量增加。另外,8,15-异海松酸含量较高,约 2.0%,而海松酸和湿地松酸含量都很低,仅 0.1%。

巴山松 *Pinus henryi* Mast.

又名短叶马尾松。为我国特有树种。

分布地区:东起湖北西部,西至四川东北部,北达陕西南部一带。

采集地点:因故尚未采集到松脂。

松脂特征:吴中伦认为巴山松形态介于马尾松与赤松之间,可以看作是马尾松的变种。所以,巴山松松脂可能具有马尾松和赤松松脂的一些特征,如 α-蒎烯含量较高;倍半萜类含量较高;具有较高数量的长叶烯等。

思茅松 *Pinus kesiya* Royle ex Gord. var. *langbianensis* (A.Chev.) Gaussen

是卡西亚松的变种。

分布地区：云南南部和西南部。越南、老挝、缅甸、印度也有分布。

采集地点：云南思茅(22.8°N,101.0°E)。

松脂特征：

单萜类——含量40.6%，检出6个组分。

组分 Components	α-蒎烯 α-Pinene	莰烯 Camphene	β-蒎烯 β-Pinene	α-香叶烯 α-Myrcene	苧烯 Limonene
含量(%) Content	38.8	0.4	0.4	0.4	0.5
组分 Components	α-萜品烯 α-Terpinene				
含量(%) Content	0.1				

倍半萜类——含量3.2%，检出11个组分。

组分 Components	α-柏木烯 α-Cedrene	β-玷玚烯 β-Copaene	异长叶烯 Isolongifolene	长叶烯 Longifolene
含量(%) Content	0.6	0.1	0.1	2.1
组分 Components	石竹烯 Caryophyllene	反-β-金合欢烯 trans-β-Farnesene	β-石竹烯 β-Caryophyllene	β-愈创木烯 β-Guaiene
含量(%) Content	Tr	0.1	Tr	0.1
组分 Components	γ-揽香烯 γ-Elemene	β-揽香烯 β-Elemene	雪松醇 Cedrol	
含量(%) Content	Tr	Tr	0.1	

双萜类——含量56.2%，检出17个组分。其中枞酸型树脂酸45.2%，海松酸/异海松酸型树脂酸2.6%。

组分 Components	8,13-海松烯 8,13-Pimarene	8,13-枞二烯 8,13-Abietadiene	阿替斯-15-烯 Atis-15-ene	山达海松醛 Sandaracopimaral
含量(%) Content	Tr	Tr	Tr	0.5

续表

组分 Components	8,15-异海松酸 8,15-Isopimaric acid	海松酸 Pimaric acid	湿地松酸 Communic acid
含量(%) Content	0.1	0.2	4.1
组分 Components	山达海松酸 Sandaracopimaric acid	异海松酸 Isopimaric acid	
含量(%) Content	1.2	1.1	
组分 Components	长叶松酸/左旋海松酸 Palustric acid/levopimaric acid	去氢枞酸 Dehydroabietic acid	枞酸 Abietic acid
含量(%) Content	28.5	2.7	8.2
组分 Components	6,8,11,13-枞四烯酸 6,8,11,13-Abietatetraenoic acid	新枞酸 Neoabietic acid	
含量(%) Content	0.3	8.5	
组分 Components	7,13,15-枞三烯酸 7,13,15-Abietatrienoic acid	7α-羟基去氢枞酸 7α-Hydroxydehydroabietic acid	
含量(%) Content	0.7	0.1	

由上表可以看出思茅松松脂特点：

(1) 检出组分约 34 个。

(2) 单萜类含量较高，约 40.6%，检出组分较少，约 6 个。其中 α-蒎烯含量很高，达 38.8%；而 β-蒎烯含量很低，仅 0.4%。

(3) 倍半萜类含量约 3.2%，检出 11 个组分。其中长叶烯 2.1%；石竹烯痕量。

(4) 双萜类含量约 56.2%，检出组分较少，约 17 个。其中异海松酸含量仅1.1%。

红松 *Pinus koraiensis* Sieb. et Zucc.

又名海松、果松、韩松、红果松、朝鲜松。

分布地区：东北长白山区及小兴安岭。俄罗斯、朝鲜也有分布。

采集地点：分别采集于吉林敦化(43.4°N,128.2°E)和俄罗斯(52.0°N,35.0°E)。

松脂特征：

单萜类——含量 26.4%～29.8%，检出 11 个组分。

组　分 Components	含　量(%) Content	
	中国红松 in China	俄罗斯红松 in Russia
α-蒎烯 α-Pinene	15.0	17.7
莰烯 Camphene	0.3	0.3
β-蒎烯 β-Pinene	10.7	2.1
α-香叶烯 α-Myrcene	0.5	0.1
3-蒈烯 3-Carene	0.8	3.8
苧烯 Limonene	1.0	1.4
γ-萜品烯 γ-Terpinene	Tr	Tr
α-萜品烯 α-Terpinene	0.6	0.2
十一烷 Undecane	0.6	
对烯丙基茴香醚 p-Allylanisole		0.1
α-萜品醇 α-Terpineol	Tr	0.7
十三烷 Tridecane	0.3	Tr

倍半萜类——含量 1.0%～1.6%，检出 11 个组分。

组　分 Components	含　量(%) Content	
	中国红松 in China	俄罗斯红松 in Russia
α-荜澄茄烯 α-Cubebene	0.2	0.1
β-玷玑烯 β-Copaene	0.4	Tr

续表

组　分 Components	含　量(%) Content	
	中国红松 in China	俄罗斯红松 in Russia
异长叶烯 Isolongifolene	Tr	Tr
长叶烯 Longifolene	0.4	0.2
石竹烯 Cayophyllene	0.5	0.2
α-律草烯 α-Humulene	Tr	Tr
反-β-金合欢烯 trans-β-Farnesene	Tr	Tr
β-愈创木烯 β-Guaiene	Tr	0.2
γ-榄香烯 γ-Elemene	0.1	0.2
β-防风根烯 β-Bisabolene	Tr	0.1
β-榄香烯 β-Eleme	Tr	Tr

双萜类——含量68.0%～71.9%，检出20个组分．其中枞酸型树脂酸29.3%～33.5%，海松酸/异海松酸型树脂酸13.2%～17.2%。

组　分 Components	含　量(%) Content	
	中国红松 in China	俄罗斯红松 in Russia
8,13-海松烯 8,13-Pimarene	Tr	Tr
异贝壳杉烯 Isokaurene	0.1	0.5
8,13-枞二烯 8,13-Abietadiene	0.1	0.2
阿替斯-15-烯 Atis-15-ene	Tr	Tr
松柏烯 Cembrene	4.5	5.0

续表

组　分 Components	含　量(%) Content	
	中国红松 in China	俄罗斯红松 in Russia
海松醛 Pimaral	0.2	0.1
山达海松醛 Sandaracopimaral	1.1	0.1
8,15-异海松酸 8,15-Isopimaric acid	0.7	0.6
海松酸 Pimaric acid	0.3	0.2
湿地松酸 Communic acid	2.0	0.8
山达海松酸 Sandaracopimaric acid	0.7	0.9
异海松酸 Isopimaric acid	15.5	11.5
长叶松酸/左旋海松酸 Palustric acid/levopimaric acid	7.1	8.6
糖松酸 Lambertianic acid	12.8	16.5
去氢枞酸 Dehydroabietic acid	0.5	1.2
8,12-枞二烯酸 8,12-Abietadienoic acid	0.1	0.1
枞酸 Abietic acid	16.9	19.6
新枞酸 Neoabietic acid	5.3	5.3
7,13,15-枞三烯酸 7,13,15-Abietatrienoic acid	0.1	0.7

由上表可以看出红松松脂特点：

(1) 检出组分很多，约 42 个。

(2) 单萜类含量约 26.4%～29.8%，检出组分较多，约 11 个。其中α-蒎烯含量较低，约 15.0%～17.7%；而β-蒎烯含量较高，约 2.1%～10.7%。

(3) 倍半萜类含量约 1.0%～1.6%，检出 11 个组分。其中长叶烯 0.2%～0.4%；石竹烯 0.2%～0.5%。

（4）双萜类含量较高，约68.0%～71.9%，检出20个组分。海松酸/异海松酸型树脂酸含量较高，约12.6%～16.5%，其中异海松酸含量约11.5%～15.5%。枞酸型树脂酸含量很低，仅29.3%～33.5%。其中长叶松酸和左旋海松酸含量仅7.1%～8.6%；但枞酸含量较高，约16.9%～19.6%。此外，松柏烯和糖松酸含量较高，分别为4.5%～5.0%和12.8%～16.5%；去氢枞酸含量很低，仅0.5%～1.2%。

华南五针松　*Pinus kwangtungensis* Chun ex Tsiang

又名广东松。为我国特有树种。

分布地区：湖南南部，贵州独山，广西和广东北部及海南五指山等地区。

采集地点：湖南莽山(25.4°N，112.9°E)。

松脂特征：

单萜类——含量18.9%，检出6个组分。

组分 Components	α-蒎烯 α-Pinene	β-蒎烯 β-Pinene	α-香叶烯 α-Myrcene	3-蒈烯 3-Carene	苧烯 Limonene
含量(%) Content	1.0	0.7	16.1	Tr	0.2
组分 Components	十一烷 Undecane				
含量(%) Content	0.9				

倍半萜类——含量0.1%，检出2个组分。

组分 Components	石竹烯 Caryophyllene	α-律草烯 α-Humulene
含量(%) Content	0.1	Tr

双萜类——含量80.1%，检出19个组分，其中枞酸型树脂酸36.1%，海松酸/异海松酸型树脂酸13.4%。

组分 Components	8,13-海松烯 8,13-Pimarene	异贝壳杉烯 Isokaurene	松柏烯 Cembrene	海松醛 Pimaral	山达海松醛 Sandaracopimaral
含量(%) Content	Tr	0.1	Tr	0.2	0.2

续表

组分 Components	8,15-异海松酸 8,15-Isopimaric acid	海松酸 Pimaric acid	湿地松酸 Communic acid
含量(%) Content	0.4	0.1	0.3
组分 Components	山达海松酸 Sandaracopimaric acid	异海松酸 Isopimaric acid	
含量(%) Content	0.9	12.0	
组分 Components	长叶松酸/左旋海松酸 Palustric acid/levopimaric acid	糖松酸 Lambertianic acid	
含量(%) Content	4.8	25.0	
组分 Components	去氢枞酸 Dehydroabietic acid	枞酸 Abietic acid	6,8,11,13-枞四烯酸 6,8,11,13-Abietatetraenoic acid
含量(%) Content	3.7	20.4	0.4
组分 Components	新枞酸 Neoabietic acid	7,13,15-枞三烯酸 7,13,15-Abietatrienoic acid	
含量(%) Content	10.9	0.6	
组分 Components	7α-羟基去氢枞酸 7α-Hydroxydehydroabietic acid		
含量(%) Content	0.1		

由上表可以看出华南五针松松脂特点：

(1) 检出组分较少，约 27 个。

(2) 单萜类含量较低，约 18.9%，检出组分较少，约 6 个。其中 α-蒎烯和 β-蒎烯含量很低，分别为 1.0% 和 0.9%；而香叶烯含量高达 16.1%。

(3) 倍半萜类含量很低，约 0.1%，只检出 2 个组分，其中石竹烯 0.1%。

(4) 双萜类含量高达 80.1%，检出 19 个组分。海松酸/异海松酸型树脂酸含量较高，约 13.4%，其中异海松酸含量约 12.0%。同时，枞酸含量很高，达 20.4%；新枞酸含量也较高，约 10.9%，而长叶松酸和左旋海松酸含量很低，仅 4.8%。另外，糖松酸含量很高，达 25.0%。

南亚松　*Pinus latteri* Mason (*Pinus tonkinensis* Chev.)

又名南洋二针松、越南松。

分布地区：海南中部、广东南部和广西南部。

采集地点：海南坝王岭(19.1°N,109.1°E)。

松脂特征：

单萜类——含量39.1%，检出7个组分。

组分 Components	α-蒎烯 α-Pinene	莰烯 Camphene	β-蒎烯 β-Pinene	α-香叶烯 α-Myrcene	3-蒈烯 3-Carene
含量(%) Content	37.4	0.3	0.3	0.2	0.6
组分 Components	苧烯 Limonene	α-萜品烯 α-Terpinene			
含量(%) Content	0.2	0.1			

倍半萜类——含量0.3%，检出2个组分。

组分 Components	异长叶烯 Isolongifolene	反-β-金合欢烯 trans-β-Farnesene
含量(%) Content	Tr	0.3

双萜类——含量60.1%，检出17个组分，其中枞酸型树脂酸35.2%，海松酸/异海松酸型树脂酸15.0%。

组分 Components	异贝壳杉烯 Isokaurene	8,15-异海松酸 8,15-Isopimaric acid	海松酸 Pimaric acid	湿地松酸 Communic acid
含量(%) Content	0.1	0.1	0.3	0.1
组分 Components	山达海松酸 Sandaracopimaric acid	异海松酸 Isopimaric acid		
含量(%) Content	3.7	10.9		
组分 Components	长叶松酸/左旋海松酸 Palustric acid/levopimaric acid	去氢枞酸 Dehydroabietic acid		
含量(%) Content	24.3	1.2		
组分 Components	8,13(15)-枞二烯酸 8,13(15)-Abietadienoic acid	8,12-枞二烯酸 8,12-Abietadienoic acid	枞酸 Abietic acid	
含量(%) Content	0.1	0.1	8.2	

续表

组分 Components	6,8,11,13-枞四烯酸 6,8,11,13-Abietatetraenoic acid	新枞酸 Neoabietic acid	南亚松酸 Mercusic acid
含量(%) Content	0.1	2.7	8.2
组分 Components	7,13,15-枞三烯酸 7,13,15-Abietatrienoic acid	7α-羟基去氢枞酸 7α-Hydroxydehydroabietic acid	
含量(%) Content	Tr	Tr	

由上表可以看出南亚松松脂特点:

(1) 检出组分较少,约26个。

(2) 单萜类含量较高,约39.1%,检出组分较少,约7个。其中α-蒎烯含量很高,达37.4%;而β-蒎烯含量很低,仅0.3%。

(3) 倍半萜类含量很低,约0.3%,只检出2个组分。

(4) 双萜类含量约60.1%,检出组分较少,约17个。海松酸/异海松酸型树脂酸含量较高,约15.0%,其中山达海松酸和异海松酸都较高,分别为3.9%和10.9%。同时,还含有南亚松酸,这是一种特殊的二元羧酸,含量高达8.2%。新枞酸含量很低,仅2.7%。

琉球松 *Pinus luchuensis* Mayr

分布地区:原产日本。我国引种栽培。

采集地点:浙江富阳(30.9°N,119.9°E)。

松脂特征:

单萜类——含量37.6%,检出6个组分。

组分 Components	α-蒎烯 α-Pinene	莰烯 Camphene	β-蒎烯 β-Pinene	α-香叶烯 α-Myrcene	苧烯 Limonene
含量(%) Content	32.9	0.5	2.4	0.4	1.4
组分 Components	α-萜品烯 α-Terpinene				
含量(%) Content	Tr				

倍半萜类——含量3.1%,检出8个组分。

组分 Components	α-柏木烯 α-Cedrene	β-玷玔烯 β-Copaene	异长叶烯 Isolongifolene	长叶烯 Longifolene	石竹烯 Caryophyllene
含量(%) Content	0.1	0.1	Tr	2.5	0.3
组分 Components	反-β-金合欢烯 trans-β-Farnesene	β-榄香烯 β-Elemene	雪松醇 Cedrol		
含量(%) Content	0.1	Tr	Tr		

双萜类——含量58.3%，检出21个组分，其中枞酸型树脂酸45.5%，海松酸/异海松酸型树脂酸2.5%。

组分 Components	8,13-海松烯 8,13-Pimarene	异贝壳杉烯 Isokaurene	8,13-枞二烯 8,13-Abietadiene	阿替斯-15-烯 Atis-15-ene
含量(%) Content	Tr	Tr	Tr	Tr
组分 Components	海松醛 Pimaral	山达海松醛 Sandaracopimaral	8,15-异海松酸 8,15-Isopimaric acid	海松酸 Pimaric acid
含量(%) Content	Tr	0.6	0.1	0.3
组分 Components	湿地松酸 Communic acid	山达海松酸 Sandaracopimaric acid	异海松酸 Isopimaric acid	
含量(%) Content	3.6	1.1	1.0	
组分 Components	长叶松酸/左旋海松酸 Palustric acid/levopimaric acid	去氢枞酸 Dehydroabietic acid		
含量(%) Content	33.9	4.4		
组分 Components	8,13(15)-枞二烯酸 8,13(15)-Abietadienoic acid	8,12-枞二烯酸 8,12-Abietadienoic acid		
含量(%) Content	0.2	0.3		
组分 Components	枞酸 Abietic acid	6,8,11,13-枞四烯酸 6,8,11,13-Abietatetraenoic acid	新枞酸 Neoabietic acid	
含量(%) Content	5.5	0.2	6.1	
组分 Components	7,13,15-枞三烯酸 7,13,15-Abietatrienoic acid	7α-羟基去氢枞酸 7α-Hydroxydehydroabietic acid		
含量(%) Content	0.7	0.3		

由上表可以看出硫球松松脂特点：

（1）检出组分约35个。

（2）单萜类含量约37.6%，检出组分较少，约6个。其中α-蒎烯含量较高，约32.9%；β-蒎烯2.4%。

（3）倍半萜类含量约3.2%，检出8个组分。其中长叶烯含量2.5%；石竹烯0.3%。

（4）双萜类含量约58.3%，检出21个组分。其中异海松酸含量很低，仅1.0%；枞酸含量也较低，约5.5%；而长叶松酸和左旋海松酸含量较高，约33.9%。

马尾松　*Pinus massoniana* Lamb.

又名青松、山松、枞松。

分布地区：分布广。淮河流域、大别山、伏牛山一线以南，东起沿海，西至云、贵、川，南至两广。台湾北部和西北部也有少量分布。

采集地点：广东湛江（21.2°N，110.4°E）。

松脂特征：

单萜类——含量34.3%，检出7个组分。

组分 Components	α-蒎烯 α-Pinene	莰烯 Camphene	β-蒎烯 β-Pinene	α-香叶烯 α-Myrcene	3-蒈烯 3-Carene
含量(%) Content	31.7	0.5	1.2	0.4	Tr
组分 Components	苧烯 Limonene	α-萜品烯 α-Terpinene			
含量(%) Content	0.5	Tr			

倍半萜类——含量13.7%，检出13个组分。

组分 Components	α-柏木烯 α-Cedrene	β-玷㻮烯 β-Copaene	异长叶烯 Isolongifolene	长叶烯 Longifolene
含量(%) Content	0.6	0.7	0.3	9.5
组分 Components	石竹烯 Caryophyllene	α-律草烯 α-Humulene	反-β-金合欢烯 trans-β-Farnesene	β-石竹烯 β-Caryophyllene
含量(%) Content	1.4	0.3	0.5	Tr

续表

组分 Components	β-愈创木烯 β-Guaiene	γ-榄香烯 γ-Elemene	β-防风根烯 β-Bisabolene	香树烯 Aromadendrene
含量(%) Content	0.1	Tr	Tr	0.1

组分 Components	雪松醇 Cedrol
含量(%) Content	0.2

双萜类——含量51.3%，检出20个组分，其中枞酸型树脂酸42.3%，海松酸/异海松酸型树脂酸1.6%。

组分 Components	8,13-海松烯 8,13-Pimarene	异贝壳杉烯 Isokaurene	8,13-枞二烯 8,13-Abietadiene	山达海松醛 Sandaracopimaral
含量(%) Content	Tr	Tr	Tr	0.4

组分 Components	8,15-异海松酸 8,15-Isopimaric acid	海松酸 Pimaric acid	湿地松酸 Communic acid
含量(%) Content	Tr	0.1	4.1

组分 Components	山达海松酸 Sandaracopimaric acid	海松醇 Pimarol	异海松酸 Isopimaric acid
含量(%) Content	1.3	Tr	0.2

组分 Components	长叶松酸/左旋海松酸 Palustric acid/levopimaric acid	去氢枞酸 Dehydroabietic acid
含量(%) Content	21.5	1.7

组分 Components	8,13(15)-枞二烯酸 8,13(15)-Abietadienoic acid	8,12-枞二烯酸 8,12-Abietadienoic acid
含量(%) Content	0.3	Tr

组分 Components	枞酸 Abietic acid	6,8,11,13-枞四烯酸 6,8,11,13-Abietatetraenoic acid	新枞酸 Neoabietic acid
含量(%) Content	10.9	Tr	9.9

组分 Components	7,13,15-枞三烯酸 7,13,15-Abietatrienoic acid	7α-羟基去氢枞酸 7α-Hydroxydehydroabietic acid
含量(%) Content	0.7	0.2

由上表可以看出马尾松松脂特点：

(1) 检出组分很多，约 40 个。

(2) 单萜类含量约 34.3%，检出组分较少，约 7 个。其中 α-蒎烯含量较高，约 31.7%；β-蒎烯 1.2%。

(3) 倍半萜类含量很高，约 13.7%，检出组分较多，约 13 个。其中长叶烯含量很高，达 9.5%；石竹烯 1.4%。

(4) 双萜类含量约 51.3%，检出 20 个组分。海松酸/异海松酸型树脂酸含量很低，约 1.6%，其中异海松酸仅 0.2%。

变种：**雅加松** ***Pinus massoniana*** **Lamb. var.** ***hainanensis*** **Cheng et L.K. Fu.**

岭南马尾松 ***Pinus massoniana*** **Lamb. var.** ***lingnanensis*** **Hort.** 分布于广东，广西南亚热带地区。

黄鳞松 ***Pinus massoniana*** **Lamb. var.** ***huanglinsong*** **Hort.** 分布于广东高州。

雅加松 *Pinus massoniana* Lamb. var. *hainanensis* Cheng et L.K. Fu

是马尾松的变种。

分布地区：海南雅加大岭。

采集地点：海南坝王岭(19.1°N，109.1°E)。

松脂特征：

单萜类——含量 37.1%，检出 9 个组分。

组分 Components	α-蒎烯 α-Pinene	莰烯 Camphene	β-水芹烯 β-Phellandrene	β-蒎烯 β-Pinene	α-香叶烯 α-Myrcene
含量(%) Content	28.6	0.3	Tr	0.7	0.6
组分 Components	3-蒈烯 3-Carene	苧烯 Limonene	α-萜品烯 α-Terpinene	α-萜品醇 α-Terpineol	
含量(%) Content	Tr	6.5	0.3	0.1	

倍半萜类——含量 14.8%，检出 12 个组分。

组分 Components	α-柏木烯 α-Cedrene	β-玷㞗烯 β-Copaene	异长叶烯 Isolongifolene	长叶烯 Longifolene
含量(%) Content	0.6	0.6	0.3	10.8

续表

组分 Components	石竹烯 Caryophyllene	α-律草烯 α-Humulene	反-β-金合欢烯 trans-β-Farnesene	β-石竹烯 β-Caryophyllene
含量(%) Content	1.2	0.2	0.4	Tr
组分 Components	β-愈创木烯 β-Guaiene	γ-榄香烯 γ-Elemene	β-揽香烯 β-Elemene	雪松醇 Cedrol
含量(%) Content	Tr	0.1	0.4	0.2

双萜类——含量 46.9%，检出 19 个组分，其中枞酸型树脂酸 33.6%，海松酸/异海松酸型树脂酸 6.3%。

组分 Components	8,13-海松烯 8,13-Pimarene	异贝壳杉烯 Isokaurene	8,13-枞二烯 8,13-Abietadiene	山达海松醛 Sandaracopimaral
含量(%) Content	Tr	Tr	Tr	0.5
组分 Components	8,15-异海松酸 8,15-Isopimaric acid	海松酸 Pimaric acid	湿地松酸 Communic acid	
含量(%) Content	Tr	0.4	3.5	
组分 Components	山达海松酸 Sandaracopimaric acid	海松醇 Pimarol	异海松酸 Isopimaric acid	
含量(%) Content	1.2	Tr	4.7	
组分 Components	长叶松酸/左旋海松酸 Palustric acid/levopimaric acid	去氢枞酸 Dehydroabietic acid		
含量(%) Content	23.3	2.3		
组分 Components	8,12-枞二烯酸 8,12-Abietadienoic acid	枞酸 Abietic acid		
含量(%) Content	0.2	4.9		
组分 Components	6,8,11,13-枞四烯酸 6,8,11,13-Abietatetraenoic acid	新枞酸 Neoabietic acid		
含量(%) Content	Tr	5.4		
组分 Components	7,13,15-枞三烯酸 7,13,15-Abietatrienoic acid	7α-羟基去氢枞酸 7α-Hydroxydehydroabietic acid		
含量(%) Content	0.4	0.1		

由上表可以看出雅加松松脂特点：

(1) 检出组分很多，约40个。

(2) 单萜类含量约37.1%，检出9个组分。其中α-蒎烯28.6%；β-蒎烯含量很低，仅0.7%；而苧烯含量较高，约6.5%。

(3) 倍半萜类含量很高，约14.8%，检出组分较多，约12个。其中长叶烯含量很高，达10.8%；石竹烯1.2%。

(4) 双萜类含量较低，约46.9%，检出19个组分。其中枞酸含量很低，仅4.9%。

(5) 与马尾松松脂特征基本相似。检出组分很多，约40个；倍半萜类含量都很高；其中长叶烯含量高达9.5%～10.8%；几个主要树脂酸含量基本相似。这说明雅加松作为马尾松变种，它们的松脂具有相似特征。

粗糙枝松 *Pinus montezumae* Lamb.

分布地区：原产墨西哥和拉丁美洲。

采集地点：秘鲁卡加马卡地区(7.5°S，78.6°W)。

松脂特征：

单萜类——含量33.0%，检出6个组分。

组分 Components	α-蒎烯 α-Pinene	莰烯 Camphene	β-蒎烯 β-Pinene	α-香叶烯 α-Myrcene	β-香叶烯 β-Myrcene
含量(%) Content	14.7	0.1	8.4	0.8	0.2
组分 Components	苧烯 Limonene				
含量(%) Content	8.8				

倍半萜类——含量5.5%，检出9个组分。

组分 Components	α-柏木烯 α-Cedrene	β-玷玔烯 β-Copaene	异长叶烯 Isolongifolene	长叶烯 Longifolene	石竹烯 Caryophyllene
含量(%) Content	0.4	0.4	0.2	4.2	0.1
组分 Components	反-β-金合欢烯 trans-β-Farnesene	β-愈创木烯 β-Guaiene	γ-榄香烯 γ-Elemene	雪松醇 Cedrol	
含量(%) Content	Tr	Tr	0.1	0.1	

双萜类——含量 61.1%，检出 21 个组分，其中枞酸型树脂酸 30.3%，海松酸/异海松酸型树脂酸 11.6%。

组分 Components	8,13-枞二烯 8,13-Abietadiene	阿替斯-15-烯 Atis-15-ene	松柏烯 Cembrene	海松醛 Pimaral
含量(%) Content	Tr	Tr	1.0	0.1

组分 Components	山达海松醛 Sandaracopimaral	8,15-异海松酸 8.15-Isopimaric acid	海松酸 Pimaric acid
含量(%) Content	0.3	0.4	0.3

组分 Components	湿地松酸 Communic acid	山达海松酸 Sandaracopimaric acid	海松醇 Pimarol
含量(%) Content	5.9	0.9	0.5

组分 Components	异海松酸 Isopimaric acid	长叶松酸 Palustric acid	左旋海松酸 Levopimaric acid
含量(%) Content	10.0	8.2	13.5

组分 Components	去氢枞酸 Dehydroabietic acid	8,13(15)-枞二烯酸 8,13(15)-abietadienoic acid
含量(%) Content	8.6	0.2

组分 Components	8,12-枞二烯酸 8,12-Abietadienoic acid	枞酸 Abietic acid	6,8,11,13-枞四烯酸 6,8,11,13-Abietatetraenoic acid
含量(%) Content	0.2	6.2	0.3

组分 Components	新枞酸 Neoabietic acid	7,13,15-枞三烯酸 7,13,15-Abietatrienoic acid
含量(%) Content	2.4	1.5

组分 Components	7α-羟基去氢枞酸 7α-Hydroxydehydroabietic acid
含量(%) Content	0.6

由上表可以看出粗糙枝松松脂特点：

(1) 检出组分较多，约 36 个。

(2) 单萜类含量约 33.0%，检出组分较少，约 6 个。其中 α-蒎烯含量较低，仅 14.7%；而 β-蒎烯和苧烯含量都较高，分别约 8.4% 和 8.8%；另外，还有 β-香叶烯 0.2%。

(3) 倍半萜类含量较高，约5.5%，检出9个组分。其中长叶烯含量较高，约4.2%；石竹烯0.1%。

(4) 双萜类含量约61.1%，检出21个组分。枞酸型树脂酸含量很低，约30.7%，其中新枞酸仅2.4%。湿地松酸，异海松酸和去氢枞酸含量都较高，分别为5.9%，10.0%和8.6%。还有松柏烯1.0%。

台湾五针松　*Pinus morrisonicola* Hayata

又名台湾松、台湾白松、台湾五须松。为我国特有树种。

分布地区：台湾中央山脉。

采集地点：因故尚未采集到松脂。

松脂特征：台湾五针松与华山松、乔松、海南五针松、毛枝五针松等属于同一白松亚属(Subgen. *Strobus*)，所以台湾五针松松脂可能糖松酸含量高；单萜类含量较低；双萜类含量较高；海松酸/异海松酸型树脂酸及异海松酸含量较高；枞酸型树脂酸及长叶松酸和左旋海松酸含量较低；但枞酸含量较高。

欧洲黑松　*Pinus nigra* Ann

分布地区：原产欧洲南部及小亚细亚，我国南京等地引种栽培。

采集地点：因故尚未采集到松脂。

卵果松　*Pinus oocarpa* Schiede

分布地区：原产墨西哥和拉丁美洲。我国引种栽培。

采集地点：浙江富阳(30.9°N，119.9°E)。

松脂特征：

单萜类——含量26.4%，检出8个组分。

组分 Components	α-蒎烯 α-Pinene	莰烯 Camphene	β-水芹烯 β-Phellandrene	β-蒎烯 β-Pinene	α-香叶烯 Myrcene
含量(%) Content	24.7	0.3	0.2	0.1	0.2

续表

组分 Components	苧烯 Limonene	α-萜品烯 α-Terpinene	α-萜品醇 α-Terpineol
含量(%) Content	0.7	Tr	0.2

倍半萜类——含量4.1%，检出9个组分。

组分 Components	α-柏木烯 α-Cedrene	β-玷㞎烯 β-Copaene	异长叶烯 Isolongifolene	长叶烯 Longifolene	α-律草烯 α-Humulene
含量(%) Content	0.4	Tr	Tr	3.7	Tr

组分 Components	反-β-金合欢烯 trans-β-Farnesene	β-愈创木烯 β-Guaiene	γ-榄香烯 γ-Elemene	β-榄香烯 β-Elemene
含量(%) Content	Tr	Tr	Tr	Tr

双萜类——含量68.5%，检出18个组分，其中枞酸型树脂酸43.8%，海松酸/异海松酸型树脂酸13.5%。

组分 Components	异贝壳杉烯 Isokaurene	8,13-枞二烯 8,13-Abietadiene	阿替斯-15-烯 Atis-15-ene	海松醛 Pimaral
含量(%) Content	Tr	Tr	Tr	0.1

组分 Components	山达海松醛 Sandaracopimaral	8,15-异海松酸 8,15-Isopimaric acid	海松酸 Pimaric acid
含量(%) Content	1.3	0.3	1.3

组分 Components	湿地松酸 Communic acid	山达海松酸 Sandaracopimaric acid	海松醇 Pimarol	异海松酸 Isopimaric acid
含量(%) Content	5.8	2.4	0.2	9.5

组分 Components	长叶松酸/左旋海松酸 Palustric acid/levopimaric acid	去氢枞酸 Dehydroabietic acid
含量(%) Content	27.0	2.2

组分 Components	8,12-枞二烯酸 8,12-Abietadienoic acid	枞酸 Abietic acid	新枞酸 Neoabietic acid
含量(%) Content	0.7	7.8	9.0

续表

组分 Components	7,13,15-枞三烯酸 7,13,15-Abietatrienoic acid	7α-羟基去氢枞酸 7α-Hydroxydehydroabietic acid
含量(%) Content	0.6	0.3

由上表可以看出卵果松松脂特点：

(1) 检出组分较多,约36个。

(2) 单萜类含量约26.4%,检出8个组分。其中α-蒎烯24.7%;β-蒎烯含量很低,仅0.1%;还有β-水芹烯0.2%。

(3) 倍半萜类含量约4.1%,检出9个组分。其中长叶烯含量较高,约3.7%。

(4) 双萜类含量较高,约68.5%,检出18个组分。海松酸/异海松酸型树脂酸含量较高,约13.5%,其中异海松酸含量约9.5%。另外,湿地松酸含量较高,约5.8%。

长叶松 *Pinus palustris* Mill.

又名大王松。

分布地区:原产美国东南沿海。我国引种栽培。

采集地点:浙江富阳(30.9°N,119.9°E)。

松脂特征:

单萜类——含量39.3%,检出9个组分。

组分 Components	α-蒎烯 α-Pinene	莰烯 Camphene	β-蒎烯 β-Pinene	α-香叶烯 α-Myrcene	β-香叶烯 β-Myrcene
含量(%) Content	26.1	0.3	10.4	0.4	0.4
组分 Components	苧烯 Limonene	α-萜品烯 α-Terpinene	α-萜品醇 α-Terpineol	十三烷 Tridecane	
含量(%) Content	1.3	0.1	0.3	Tr	

倍半萜类——未检出。

双萜类——含量60.5%,检出18个组分,其中枞酸型树脂酸49.4%,海松酸/异海松酸型树脂酸2.3%。

组分 Components	8,13-海松烯 8,13-Pimarene	山达海松醛 Sandaracopimaral	8,15-异海松酸 8,15-Isopimaric acid	海松酸 Pimaric acid
含量(%) Content	Tr	0.1	0.1	0.1
组分 Components	湿地松酸 Communic acid	山达海松酸 Sandaracopimaric acid	海松醇 Pimarol	异海松酸 Isopimaric acid
含量(%) Content	2.2	0.8	Tr	1.3
组分 Components	长叶松酸/左旋海松酸 Palustric acid/levopimaric acid	去氢枞酸 Dehydroabietic acid		
含量(%) Content	32.0	3.6		
组分 Components	8,13(15)-枞二烯酸 8,13(15)-Abietadienoic acid	8,12-枞二烯酸 8,12-Abietadienoic acid		
含量(%) Content	0.2	0.7		
组分 Components	枞酸 Abietic acid	6,8,11,13-枞四烯酸 6,8,11,13-abietatetraenoic acid	新枞酸 Neoabietic acid	
含量(%) Content	9.2	0.4	8.2	
组分 Components	7,13,15-枞三烯酸 7,13,15-Abietatrienoic acid	7α-羟基去氢枞酸 7α-Hydroxydehydroabietic acid		
含量(%) Content	1.2	0.4		

由上表可以看出长叶松松脂特点：

(1) 检出组分较少,约 27 个。

(2) 单萜类含量较高,约 39.3%,检出 9 个组分。其中 α-蒎烯 26.1%；β-蒎烯含量较高,约 10.4%。

(3) 未检出倍半萜类组分。

(4) 双萜类含量约 60.5%,检出组分较少,约 18 个。枞酸型树脂酸含量较高,约 49.4%,其中长叶松酸和左旋海松酸含量约 32.0%。

日本五针松　*Pinus parviflora* Sieb. et Zucc.

又名日本五须松,五钗松。

分布地区:原产日本。我国引种栽培。

采集地点:因故尚未采集到松脂。

松脂特征:日本五针松与华山松、乔松、海南五针松,毛枝五针松等属于同一白松亚属(Subgen. *Strobus*),所以日本五针松松脂可能糖松酸含量高;单萜类含量较低;双萜类含量较高;海松酸/异海松酸型树脂酸含量较高;枞酸型树脂酸中长叶松酸与左旋海松酸含量较低;但枞酸含量较高。

展松　*Pinus patula* Schiede & Deppe

分布地区:原产墨西哥。我国引种栽培。

采集地点:浙江富阳(30.9°N,119.9°E)。

松脂特征:

单萜类——含量 29.2%～33.6%,检出 10～11 个组分。

组　分 Components	含　量(%) Content	
	引种展松 in China	秘鲁展松 in Peru
α-蒎烯 α-Pinene	1.4	1.5
莰烯 Camphene	0.2	Tr
β-水芹烯 β-Phellandrene	0.4	0.3
β-蒎烯 β-Pinene	0.3	0.2
α-香叶烯 α-Myrcene	0.7	0.1
β-香叶烯 β-Myrcene	Tr	2.8
3-蒈烯 3-Carene	1.0	0.5
苧烯 Limonene	24.8	28.0
γ-萜品烯 γ-Terpinene	Tr	
α-萜品烯 α-Terpinene	0.4	Tr
莰醇-1 1-Borneol		0.2
对烯丙基茴香醚 p-Allylanisole		Tr

倍半萜类——含量4.1%～4.3%，检出11个组分。

组 分 Components	含 量(%) Content	
	引种展松 in China	秘鲁展松 in Peru
α-柏木烯 α-Cedrene	0.3	0.6
β-玷玶烯 β-Copaene	0.2	0.1
异长叶烯 Isolongifolene	0.1	Tr
长叶烯 Longifolene	3.6	2.5
石竹烯 Caryophyllene	Tr	0.5
α-律草烯 α-Humulene	0.1	Tr
反-β-金合欢烯 trans-β-Farnesene	Tr	Tr
β-愈创木烯 β-Guaiene	Tr	Tr
γ-榄香烯 γ-Elemene	Tr	Tr
β-榄香烯 β-Elemene	Tr	0.4
雪松醇 Cedrol	Tr	Tr

双萜类——含量61.4%～66.0%，检出20～21个组分，其中枞酸型树脂酸27.0%～45.5%，海松酸/异海松酸型树脂酸6.8%～12.5%。

组 分 Components	含 量(%) Content	
	引种展松 in China	秘鲁展松 in Peru
8,13-海松烯 8,13-Pimarene	Tr	Tr
8,13-枞二烯 8,13-Abietadiene	0.1	Tr

续表

组 分 Components	含 量(%) Content	
	引种展松 in China	秘鲁展松 in Peru
阿替斯-15-烯 Atis-15-ene	0.1	0.1
海松醛 Pimaral	0.1	0.9
山达海松醛 Sandaracopimaral	1.1	1.4
8,15-异海松酸 8,15-Isopimaric acid	0.2	2.7
海松酸 Pimaric acid	1.4	1.2
湿地松酸 Communic acid	7.2	11.3
山达海松酸 Sandaracopimaric acid	1.3	1.7
海松醇 Pimarol	0.4	1.2
异海松酸 Isopimaric acid	3.9	6.9
长叶松酸/左旋海松酸 Palustric acid/levopimaric acid	36.3	22.3
糖松酸 Lambertianic acid	0.1	1.5
去氢枞酸 Dehydroabietic acid	3.0	2.6
8,12-枞二烯酸 8,12-Abietadienoic acid	0.6	1.9
枞酸 Abietic acid	4.6	2.2
6,8,11,13-枞四烯酸 6,8,11,13-Abietatetraenoic acid	0.1	0.6
新枞酸 Neoabietic acid	4.6	2.5
7,13,15-枞三烯酸 7,13,15-Abietatrienoic acid	0.5	0.4
7α-羟基去氢枞酸 7α-Hydroxydehydroabietic acid	0.4	

由上表可以看出展松松脂特点：

(1) 检出组分很多，约 42 个。

(2) 单萜类含量约 29.2%～33.6%，检出组分较多，约 10～11 个。其中 α-蒎烯和 β-蒎烯含量很低，分别为 1.4%～1.5%和 0.2%～0.3%；而苧烯含量高达 24.8%～28.0%；还有 β-水芹烯 0.3%～0.4%。

(3) 倍半萜类含量约 4.1%～4.3%，检出 11 个组分。其中长叶烯含量较高，约 2.5%～3.6%；石竹烯含量很低。

(4) 双萜类含量约 61.4%～66.0%，检出 20～21 个组分。其中湿地松酸含量很高，达 7.2%～11.3%；而枞酸和新枞酸含量很低，分别为 2.2%～4.6%和 2.5%～4.6%；还有少量糖松酸 0.1%～1.5%。

海岸松 *Pinus pinaster* Ait. Hort. Kew.

分布地区：原产西班牙、法国西南沿海地区、意大利西北部和摩洛哥北部，我国南京引种栽培。

采集地点：因故尚未采集到松脂。

西黄松 *Pinus ponderosa* Dougl ex Laws.

分布地区：原产北美，我国辽宁、江苏、河南等地引种栽培。

采集地点：因故尚未采集到松脂。

粉枝五针松 *Pinus pseudostrobus* Lindl.

分布地区：原产墨西哥和拉丁美洲。

采集地点：秘鲁卡加马卡地区(7.5°S,78.6°W)。

松脂特征：

单萜类——含量 41.3%，检出 9 个组分。

组分 Components	α-蒎烯 α-Pinene	莰烯 Camphene	β-水芹烯 β-Phllandrene	β-蒎烯 β-Pinene	α-香叶烯 α-Myrcene
含量(%) Content	36.2	0.5	0.1	1.2	0.1
组分 Components	β-香叶烯 β-Myrcene	苧烯 Limonene	α-萜品烯 α-Terpinene	1-莰醇 1-Borneol	
含量(%) Content	2.3	0.4	Tr	0.5	

倍半萜类——含量 0.1%，检出 5 个组分。

组分 Components	长叶烯 Longifolene	石竹烯 Caryophyllene	α-律草烯 α-Humulene	β-愈创木烯 β-Guaiene
含量(%) Content	Tr	0.1	Tr	Tr
组分 Components	γ-榄香烯 γ-Elemene			
含量(%) Content	Tr			

双萜类——含量 58.0%，检出 22 个组分，其中枞酸型树脂酸 43.1%，海松酸/异海松酸型树脂酸 6.1%。

组分 Components	8,13-海松烯 8,13-Pimarene	8,13-枞二烯 8,13-Abietadiene	阿替斯-15-烯 Atis-15-ene	松柏烯 Cembrene
含量(%) Content	Tr	0.1	Tr	Tr
组分 Components	海松醛 Pimaral	山达海松醛 Sandaracopimaral	8,15-异海松酸 8,15-Isopimaric acid	
含量(%) Content	0.1	0.1	0.3	
组分 Components	海松酸 Pimaric acid	湿地松酸 Communic acid	山达海松酸 Sandaracopimaric acid	海松醇 Pimarol
含量(%) Content	0.2	4.3	0.8	0.3
组分 Components	异海松酸 Isopimaric acid	长叶松酸 Palustric acid	左旋海松酸 Levopimaric acid	
含量(%) Content	4.8	15.8	14.4	
组分 Components	去氢枞酸 Dehydroabietic acid	8,13(15)-枞二烯酸 8,13(15)-Abietadienoic acid		
含量(%) Content	2.6	0.3		
组分 Components	8,12-枞二烯酸 8,12-Abietadienoic acid	枞酸 Abietic acid	6,8,11,13-枞四烯酸 6,8,11,13-Abietatrienoic acid	
含量(%) Content	0.2	9.4	0.6	
组分 Components	新枞酸 Neoabietic acid	7,13,15-枞三烯酸 7,13,15-Abietatrienoic acid		
含量(%) Content	3.5	0.1		

续表

组分 Components	7α-羟基去氢枞酸 7α-Hydroxydehydroabietic acid
含量(%) Content	0.1

由上表可以看出粉枝五针松松脂特点：

(1) 检出组分较多，约 36 个。

(2) 单萜类含量较高，约 41.3%，检出 9 个组分。其中 α-蒎烯含量很高，达 36.2%；β-蒎烯仅 1.2%；β-香叶烯含量较高，约 2.3%；还有 1-莰醇 0.5%。

(3) 倍半萜类含量很低，约 0.1%，检出 5 个组分。其中长叶烯痕量，石竹烯0.1%。

(4) 双萜类含量约 58.0%，组分较多，约 22 个。其中新枞酸含量很低，仅 3.5%。

偃松　*Pinus pumila* (Pall.) Regel

又名爬松、矮松、千叠松。

分布地区：东北大兴安岭、小兴安岭、吉林老爷岭、张广才岭和长白山一带。俄罗斯、朝鲜、日本也有分布。

采集地点：因故尚未采集到松脂。

松脂特征：偃松与红松、新疆五针松属同属白松亚属。按照Critichfield W B 和 Little E L 划分(附录 3)，它们又同属于一欧洲松亚组(Subsect. *Cembrae*)，所以偃松松脂可能有高含量的糖松酸和较高含量的松柏烯；单萜类含量较低；双萜类含量较高；海松酸/异海松酸型树脂酸含量较高；枞酸型树脂酸中长叶松酸与左旋海松酸含量较低；但枞酸含量可能较高。

辐射松　*Pinus radiata* D. Don

分布地区：分布广，原产美国。我国引种栽培。

采集地点：秘鲁卡加马卡地区(7.5°S，78.6°W)。

松脂特征：

单萜类——含量 43.7%，检出 8 个组分。

组分 Components	α-蒎烯 α-Pinene	莰烯 Camphene	β-蒎烯 β-Pinene	α-香叶烯 Myrcene	β-香叶烯 β-Myrcene
含量(%) Content	10.5	0.3	31.5	0.3	0.3
组分 Components	3-蒈烯 3-Carene	苧烯 Limonene	α-萜品烯 α-Terpinene		
含量(%) Content	Tr	0.8	Tr		

倍半萜类——含量0.5%，检出5个组分。

组分 Components	α-柏木烯 α-Cedrene	β-玷玶烯 β-Copaene	异长叶烯 Isolongifolene	长叶烯 Longifolene	石竹烯 Caryophyllene
含量(%) Content	Tr	Tr	Tr	0.5	Tr

双萜类——含量55.5%，检出19个组分，其中枞酸型树脂酸43.3%，海松酸/异海松酸型树脂酸1.8%。

组分 Components	8,13-海松烯 8,13-Pimarene	8,13-枞二烯 8,13-Abietadiene	阿替斯-15-烯 Atis-15-ene	山达海松醛 Sandaracopimaral
含量(%) Content	Tr	Tr	Tr	0.2

组分 Components	8,15-异海松酸 8,15-Isopimaric acid	海松酸 Pimaric acid	湿地松酸 Communic acid
含量(%) Content	0.4	Tr	2.8
组分 Components	山达海松酸 Sandaracopimaric acid	海松醇 Pimarol	异海松酸 Isopimaric acid
含量(%) Content	1.1	0.1	0.3
组分 Components	长叶松酸 Palustric acid	左旋海松酸 Levopimaric acid	去氢枞酸 Dehydroabietic acid
含量(%) Content	9.1	23.6	5.0
组分 Components	8,12-枞二烯酸 8,12-Abietadienoic acid	枞酸 Abietic acid	
含量(%) Content	Tr	3.1	

续表

组分 Components	6,8,11,13-枞四烯酸 6,8,11,13-Abietatetraenoic acid	新枞酸 Neoabietic acid
含量(%) Content	0.2	7.5
组分 Components	7,13,15-枞三烯酸 7,13,15-Abietatrienoic acid	7α-羟基去氢枞酸 7α-Hydroxydehydroabietic acid
含量(%) Content	1.7	0.4

由上表可以看出辐射松松脂特点:

(1) 检出组分约32个。

(2) 单萜类含量很高,约43.7%,检出8个组分。其中α-蒎烯含量较低,约10.5%;而β-蒎烯含量高达31.5%;还有β-香叶烯0.3%。

(3) 倍半萜类含量很低,约0.5%,检出5个组分。其中长叶烯含量0.5%;石竹烯痕量。

(4) 双萜类含量约55.5%,检出19个组分。海松酸/异海松酸型树脂酸含量很低,约1.8%,其中异海松酸仅0.3%;海松酸痕量。同时,枞酸含量也很低,仅3.1%。

刚松 *Pinus rigida* Mill.

又名美国短三叶松、萌芽松、硬叶松。

分布地区:原产美国东部。我国引种栽培。

采集地点:浙江富阳(30.9°N,119.9°E)。

松脂特征:

单萜类——含量36.4%,检出9个组分。

组分 Components	α-蒎烯 α-Pinene	莰烯 Camphene	β-蒎烯 β-Pinene	α-香叶烯 α-Myrcene	β-香叶烯 β-Myrcene
含量(%) Content	9.9	0.2	20.5	0.5	Tr
组分 Components	3-蒈烯 3-Carene	苧烯 Limonene	α-萜品烯 α-Terpinene	α-萜品醇 α-Terpineol	
含量(%) Content	0.1	5.1	Tr	0.1	

倍半萜类——未检出。

双萜类——含量 62.9%，检出 20 个组分，其中枞酸型树脂酸 51.1%，

海松酸/异海松酸型树脂酸 2.5%。

组分 Components	8,13-海松烯 8,13-Pimarene	8,13-枞二烯 8,13-Abietadiene	阿替斯-15-烯 Atis-15-ene	海松醛 Pimaral
含量(%) Content	Tr	Tr	Tr	Tr
组分 Components	山达海松醛 Sandaracopimaral	8,15-异海松酸 8,15-Isopimaric acid	海松酸 Pimaric acid	
含量(%) Content	0.2	0.1	0.1	
组分 Components	湿地松酸 Communic acid	山达海松酸 Sandaracopimaric acid	海松醇 Pimarol	
含量(%) Content	2.8	1.1	0.1	
组分 Components	异海松酸 Isopimaric acid	长叶松酸/左旋海松酸 Palustric acid/levopimaric acid	去氢枞酸 Dehydroabietic acid	
含量(%) Content	1.2	27.4	4.2	
组分 Components	8,12-枞二烯酸 8,12-Abietadienoic acid	枞酸 Abietic acid		
含量(%) Content	0.3	9.7		
组分 Components	6,8,11,13-枞四烯酸 6,8,11,13-Abietatetrcenoic acid	新枞酸 Neoabietic acid		
含量(%) Content	0.1	14.0		
组分 Components	7,13,15-枞三烯酸 7,13,15-Abietatrienoic acid	7α-羟基去氢枞酸 7α-Hydroxydehydroabietic acid		
含量(%) Content	1.0	0.6		

由上表可以看出刚松松脂特点：

(1) 检出组分较少，约 29 个。

(2) 单萜类含量约 36.4%，检出 9 个组分。其中 α-蒎烯含量较低，约 9.9%；而 β-蒎烯含量很高，达 20.5%；苧烯含量也较高，约 5.1%。

(3) 未检出倍半萜类组分。

(4) 双萜类含量约 62.9%，检出 20 个组分。枞酸型树脂酸含量较高，约 51.1%，其中新枞酸含量约 14.0%。

西藏长叶松 *Pinus roxbourghii* Sarg.(*Pinus longifolia* Roxb.)

又名喜马拉雅长叶松。

分布地区:西藏南部吉隆县。印度、不丹、锡金、尼泊尔、阿富汗也有分布。

采集地点:西藏吉隆。

松脂特征:

单萜类——含量15.1%,检出8个组分。

组分 Components	α-蒎烯 α-Pinene	莰烯 Camphene	β-蒎烯 β-Pinene	苧烯 Limonene	1-莰醇 1-Borneol
含量(%) Content	11.2	0.1	3.5	0.1	0.1
组分 Components	对烯丙基茴香醚 *p*-Allylanisole	α-萜品醇 α-Terpineol	十三烷 Tridecane		
含量(%) Content	Tr	Tr	0.1		

倍半萜类——检出3个痕量组分。

组分 Components	长叶烯 Longifolene	β-榄香烯 β-Elemene	雪松醇 Cedrol
含量(%) Content	Tr	Tr	Tr

双萜类——含量84.8%,检出19个组分,其中枞酸型树脂酸46.2%,海松酸/异海松酸型树脂酸16.7%。

组分 Components	8,13-枞二烯 8,13-Abietadiene	松柏烯 Cembrene	山达海松醛 Sandaracopimaral
含量(%) Content	Tr	0.9	Tr
组分 Components	8,15-异海松酸 8,15-Isopimaric acid	海松酸 Pimaric acid	湿地松酸 Communic acid
含量(%) Content	0.5	0.5	3.2
组分 Components	山达海松酸 Sandaracopimaric acid	海松醇 Pimarol	异海松酸 Isopimaric acid
含量(%) Content	6.7	0.4	9.0

续表

组分 Components	长叶松酸/左旋海松酸 Palustric acid/levopimaric acid	糖松酸 Lambertianic acid	
含量(%) Content	30.1	0.9	
组分 Components	去氢枞酸 Dehydroabietic acid	8,13(15)-枞二烯酸 8,13(15)-Abietadienoic acid	
含量(%) Content	12.6	0.7	
组分 Components	枞酸 Abietic acid	6,8,11,13-枞四烯酸 6,8,11,13-Abietatetraenoic acid	新枞酸 Neoabietic acid
含量(%) Content	10.9	0.2	5.2
组分 Components	7,13,15-枞三烯酸 7,13,15-Abietatrienoic acid	7α-羟基去氢枞酸 7α-Hydroxydehydroabietic acid	
含量(%) Content	1.8	1.2	

由上表可以看出西藏长叶松松脂特点：

(1) 检出组分较少,约30个。

(2) 单萜类[①]含量较低,约15.1%,检出8个组分。α-蒎烯含量较低,约11.2%,β-蒎烯3.5%。

(3) 倍半萜类中检出3个痕量组分。其中长叶烯痕量。

(4) 双萜类含量很高,约83.8%,检出组分19个。海松酸/异海松酸型树脂酸含量很高,达16.7%,其中山达海松酸6.7%;异海松酸9.0%。另外,去氢枞酸含量很高,达12.6%;糖松酸0.9%。

晚松 *Pinus serotina* Michx.

《中国树木志》将它列为刚松的变种[*Pinus rigida* Mill. var. *serotina* (Michx.) Loud. ex Hoopes]。

分布地区:原产美国东南部。我国引种栽培。

采集地点:浙江富阳(30.9°N,119.9°E)。

松脂特征：

① 松脂样品较脏,呈硬块状,低沸点单萜类组分可能部分挥发损失。

单萜类——含量35.7%，检出9个组分。

组分 Components	α-蒎烯 α-Pinene	莰烯 Camphene	β-蒎烯 β-Pinene	α-香叶烯 α-Myrcene	3-蒈烯 3-Carene
含量(%) Content	13.8	0.3	0.5	0.8	0.3

组分 Components	苧烯 Limonene	γ-萜品烯 γ-Terpinene	α-萜品烯 α-Terpinene	α-萜品醇 α-Terpineol
含量(%) Content	19.9	Tr	Tr	0.1

倍半萜类——未检出。

双萜类——含量63.2%，检出18个组分，其中枞酸型树脂酸49.1%，海松酸/异海松酸型树脂酸3.5%。

组分 Components	8,13-海松烯 8,13-Pimarene	海松醛 Pimaral	山达海松醛 Sandaracopimaral	8,15-异海松酸 8,15-Isopimaric acid
含量(%) Content	Tr	Tr	0.3	0.2

组分 Components	海松酸 Pimaric acid	湿地松酸 Communic acid	山达海松酸 Sandaracopimaric acid	海松醇 Pimarol
含量(%) Content	0.2	3.3	1.0	0.1

组分 Components	异海松酸 Isopimaric acid	长叶松酸/左旋海松酸 Palustric acid/levopimaric acid
含量(%) Content	2.1	32.0

组分 Components	去氢枞酸 Dehydroabietic acid	8,12-枞二烯酸 8,12-Abietadienoic acid	枞酸 Abietic acid
含量(%) Content	3.5	1.5	5.5

组分 Components	6,8,11,13-枞四烯酸 6,8,11,13-Abietatetraenoic acid	新枞酸 Neoabietic acid
含量(%) Content	0.3	11.6

组分 Components	7,13,15-枞三烯酸 7,13,15-Abietatrienoic acid	7α-羟基去氢枞酸 7α-Hydroxydehydroabietic acid
含量(%) Content	0.8	0.8

由上表可以看出晚松松脂特点：

(1) 检出组分较少，约27个。

(2) 单萜类含量约 35.7%，检出 9 个组分。其中 α-蒎烯含量较低，约 13.8%；β-蒎烯含量很低，仅 0.8%；而苧烯含量高达 19.9%。

(3) 未检出倍半萜类组分。

(4) 双萜类含量约 63.2%，检出 18 个组分。枞酸型树脂酸含量较高，约 49.1%，其中长叶松酸和左旋海松酸及新枞酸含量分别为 32.0% 和 11.6%。另外，8,12-枞二烯酸含量约 1.5%。

新疆五针松　*Pinus sibirica* (Loud.) Mayr

又名西伯利亚红松。

分布地区：大兴安岭西北部，新疆阿尔泰山西北部卡纳斯河和霍姆河流域。

采集地点：新疆阿尔泰山区(47.8°N，88.2°E)。

松脂特征：

单萜类——含量 25.9%，检出 8 个组分。

组分 Components	α-蒎烯 α-Pinene	莰烯 Camphene	β-蒎烯 β-Pinene	α-香叶烯 Myrcene	3-蒈烯 3-Carene
含量(%) Content	16.0	0.2	0.8	0.3	7.2
组分 Components	苧烯 Limonene	γ-萜品烯 γ-Terpinene	α-萜品烯 α-Terpinene		
含量(%) Content	0.9	Tr	0.5		

倍半萜类——含量 1.6%，检出 10 个组分。

组分 Components	长叶烯 Longifolene	石竹烯 Caryophyllene	α-律草烯 α-Humulene	反-β-金合欢烯 trans-β-Farnesene
含量(%) Content	0.3	0.3	0.2	Tr
组分 Components	β-愈创木烯 β-Guaiene	γ-榄香烯 γ-Elemene	β-防风根烯 β-Bisabolene	香树烯 Aromadendrene
含量(%) Content	0.2	0.3	0.2	0.1
组分 Components	β-榄香烯 β-Elemene	雪松醇 Cedrol		
含量(%) Content	Tr	Tr		

双萜类——含量 72.0%，检出 17 个组分，其中枞酸型树脂酸 27.7%，海松酸/异海松酸型树脂酸 17.5%。

组分 Components	异贝壳杉烯 Isokaurene	8,13-枞二烯 8,13-Abietadiene	阿替斯-15-烯 Atis-15-ene	松柏烯 Cembrene
含量(%) Content	Tr	Tr	Tr	9.3

组分 Components	8,15-异海松酸 8,15-Isopimaric acid	海松酸 Pimaric acid	湿地松酸 Communic acid
含量(%) Content	0.3	0.2	0.9

组分 Components	山达海松酸 Sandaracopimaric acid	异海松酸 Isopimaric acid
含量(%) Content	0.7	16.3

组分 Components	长叶松酸/左旋海松酸 Palustric acid/levopimaric acid	糖松酸 Lambertianic acid
含量(%) Content	5.9	15.3

组分 Components	去氢枞酸 Dehydroabietic acid	枞酸 Abietic acid	新枞酸 Neoabietic acid
含量(%) Content	0.9	17.7	4.1

组分 Components	7,13,15-枞三烯酸 7,13,15-Abietatrienoic acid	7α-羟基去氢枞酸 7α-Hydroxydehydroabietic acid
含量(%) Content	0.3	0.1

由上表可以看出新疆五针松松脂特点：

(1) 检出组分约 35 个。

(2) 单萜类含量约 25.9%，检出 8 个组分。其中 α-蒎烯含量较低，约 16.0%；β-蒎烯含量很低，仅 0.8%；而 3-蒈烯含量很高，达 7.2%。

(3) 倍半萜类含量约 1.6%，检出组分 10 个。其中长叶烯 0.3%；石竹烯 0.3%。

(4) 双萜类含量很高，约 72.0%，检出组分较少，约 17 个。海松酸/异海松酸型树脂酸含量很高，约 17.5%，其中异海松酸含量高达 16.3%。枞酸型树脂酸含量很低，仅 27.7%，其中长叶松酸和左旋海松酸及新枞酸含量分别为 5.9% 和 4.1%；但枞酸含量较高，约 17.7%。另外，松柏烯和糖松酸含量都很高，分别为 9.3% 和 15.3%；去氢枞酸含量很低，仅 0.9%。

北美乔松　*Pinus strobus* L.

又名美国五针松、美国白松。

分布地区：原产北美和中美洲，分布于加拿大、美国、墨西哥和危地马拉等地。我国引种栽培。

采集地点：浙江富阳(30.9°N，119.9°E)。

松脂特征：

单萜类——含量 22.5%，检出 9 个组分。

组分 Components	α-蒎烯 α-Pinene	莰烯 Camphene	β-水芹烯 β-Phellandrene	β-蒎烯 β-Pinene	α-香叶烯 α-Myrcene
含量(%) Content	7.8	0.1	0.4	1.5	0.7
组分 Components	β-香叶烯 β-Myrene	苧烯 Limonene	α-萜品烯 α-Terpinene	1-莰醇 1-Borneol	
含量(%) Content	0.1	11.0	0.1	0.8	

倍半萜类——含量 0.9%，检出 5 个组分。

组分 Components	石竹烯 Caryophyllene	α-律草烯 α-Humulene	β-愈创木烯 β-Guaiene	γ-榄香烯 γ-Elemene
含量(%) Content	0.5	0.1	0.3	Tr
组分 Components	香树烯 Aromadendrene			
含量(%) Content	Tr			

双萜类——含量 75.7%，检出 20 个组分，其中枞酸型树脂酸 30.7%，海松酸/异海松酸型树脂酸 15.1%。

组分 Components	8,13-枞二烯 8,13-Pimarene	异贝壳杉烯 Isokaurene	阿替斯-15-烯 Atis-15-ene	海松醛 Pimaral
含量(%) Content	Tr	Tr	Tr	0.1
组分 Components	山达海松醛 Sandaracopimaral	8,15-异海松酸 8,15-Isopimaric acid	海松酸 Pimaric acid	
含量(%) Content	0.9	0.2	2.9	

续表

组分 Components	湿地松酸 Communic acid	山达海松酸 Sandaracopimaric acid	海松醇 Pimarol	异海松酸 Isopimaric acid
含量(%) Content	5.0	1.0	Tr	11.0
组分 Components	长叶松酸/左旋海松酸 Palustric acid/levopimaric acid	糖松酸 Lambertianic acid		
含量(%) Content	5.0	22.0		
组分 Components	去氢枞酸 Dehydroabietic acid	8,12-枞二烯酸 8,12-Abietadienoic acid	枞酸 Abietic acid	
含量(%) Content	0.9	0.5	18.9	
组分 Components	6,8,11,13-枞四烯酸 6,8,11,13-Abietatetraenoic acid	新枞酸 Neoabietic acid		
含量(%) Content	0.1	6.8		
组分 Components	7,13,15-枞三烯酸 7,13,15-Abietatrienoic acid			
含量(%) Content	0.4			

由上表可以看出北美乔松松脂特点：

(1) 检出组分约34个。

(2) 单萜类含量较低，约22.5%，检出9个组分。其中α-蒎烯含量很低，仅7.8%；β-蒎烯1.5%；而苧烯含量很高，达11.0%；还有β-水芹烯0.4%。

(3) 倍半萜类含量很低，约0.9%，检出5个组分。其中石竹烯0.5%。

(4) 双萜类含量很高，约75.7%，检出20个组分。海松酸/异海松酸型树脂酸含量较高，约15.1%，其中海松酸和异海松酸含量分别为2.9%和11.0%。枞酸型树脂酸含量很低，约30.7%，其中长叶松酸和左旋海松酸含量仅5.0%；但枞酸含量较高，约18.9%。此外，糖松酸含量很高，达22.0%；湿地松酸含量也较高，约5.0%；去氢枞酸含量很低，仅0.9%。

欧洲赤松　*Pinus sylvestris* L.

分布地区：原产欧洲。我国引种栽培。

采集地点：俄罗斯(52.0°N，35.0°E)。

松脂特征：

单萜类——含量28.4%，检出12个组分。

组分 Components	α-蒎烯 α-Pinene	莰烯 Camphene	β-蒎烯 β-Pinene	α-香叶烯 α-Myrcene	β-香叶烯 β-Myrcene
含量(%) Content	17.8	0.6	0.6	0.5	Tr
组分 Components	3-蒈烯 3-Carene	苧烯 Limonene	γ-萜品烯 γ-Terpinene	α-萜品烯 α-Terpinene	1-莰醇 1-Borneol
含量(%) Content	6.2	1.6	0.1	0.8	Tr
组分 Components	对烯丙基茴香醚 p-Allylanisole	α-萜品醇 α-Terpineol			
含量(%) Content	0.1	0.1			

倍半萜类——含量0.4%，检出6个组分。

组分 Components	α-柏木烯 α-Cedrene	β-玷琣烯 β-Copaene	长叶烯 Longifolene	β-愈创木烯 β-Guaiene	γ-榄香烯 γ-Elemene
含量(%) Content	0.1	Tr	0.1	0.1	0.1
组分 Components	香树烯 Aromadendrene				
含量(%) Content	Tr				

双萜类——含量71.3%，检出19个组分，其中枞酸型树脂酸58.8%，海松酸/异海松酸型树脂酸2.6%。

组分 Components	8,13-海松烯 8,13-Pimarene	异贝壳杉烯 Isokaurene	8,13-枞二烯 8,13-Abietadiene	阿替斯-15-烯 Atis-15-ene
含量(%) Content	Tr	Tr	Tr	Tr
组分 Components	山达海松醛 Sandaracopimaral	8,15-异海松酸 8,15-Isopimaric acid	海松酸 Pimaric acid	
含量(%) Content	1.1	0.1	0.3	

续表

组分 Components	湿地松酸 Communic acid	山达海松酸 Sandaracopimaric acid	异海松酸 Isopimaric acid
含量(%) Content	4.2	1.6	0.6
组分 Components	长叶松酸/左旋海松酸 Palustric acid/levopimaric acid		去氢枞酸 Dehydroabietic acid
含量(%) Content	40.8		3.8
组分 Components	8,12-枞二烯酸 8,12-Abietadienoic acid	枞酸 Abietic acid	
含量(%) Content	Tr	10.6	
组分 Components	6,8,11,13-枞四烯酸 6,8,11,13-Abietatetraenoic acid		新枞酸 Neoabietic acid
含量(%) Content	Tr		7.4
组分 Components	7,13,15-枞三烯酸 7,13,15-Abietatrienoic acid	7α-羟基去氢枞酸 7α-Hydroxydehydroabietic acid	
含量(%) Content	0.8	Tr	

由上表可以看出欧洲赤松特点：

(1) 检出组分较多，约 37 个。

(2) 单萜类含量约 28.4%，检出组分较多，约 12 个。其中 α-蒎烯含量较低，约 17.8%；β-蒎烯含量很低，仅 0.6%；而 3-蒈烯含量很高，达 6.2%。

(3) 倍半萜类含量很低，约 0.4%，检出 6 个组分。其中长叶烯 0.1%。

(4) 双萜类含量很高，约 71.3%，检出 19 个组分。枞酸型树脂酸含量很高，约 58.8%，其中长叶松酸与左旋海松酸高达 40.8%。异海松酸含量很低，仅 0.6%。

变种：**樟子松** ***Pinus sylvestris*** **L. var.** ***mongolica*** **Litv.**

樟子松 *Pinus sylvestris* L. var. *mongolica* Litv.

又名海拉尔松。为欧洲赤松分布至远东的一个地理变种。

分布地区：大兴安岭地区和海拉尔西南一带。俄罗斯和蒙古也有分布。

采集地点：黑龙江塔河(52.4°N，124.7°E)。

松脂特征：

单萜类——含量44.1%，检出10个组分。

组分 Components	α-蒎烯 α-Pinene	莰烯 Camphene	β-水芹烯 β-Phellandrene	β-蒎烯 β-Pinene	α-香叶烯 α-Myrcene
含量(%) Content	26.2	0.2	0.8	0.4	0.7
组分 Components	3-蒈烯 3-Carene	苧烯 Limonene	γ-萜品烯 γ-Terpinene	α-萜品烯 α-Terpinene	α-萜品醇 α-Terpineol
含量(%) Content	12.1	2.1	0.1	1.4	0.1

倍半萜类——含量0.9%，检出4个组分。

组分 Components	α-柏木烯 α-Cedrene	长叶烯 Longifolene	β-愈创木烯 β-Guaiene	γ-榄香烯 γ-Elemene
含量(%) Content	0.3	0.2	0.3	0.1

双萜类——含量54.8%，检出17个组分，其中枞酸型树脂酸43.7%，海松酸/异海松酸型树脂酸2.9%。

组分 Components	海松醛 Pimaral	山达海松醛 Sandaracopimaral	8,15-异海松酸 8,15-Isopimaric acid	海松酸 Pimaric acid
含量(%) Content	Tr	0.6	Tr	0.4
组分 Components	湿地松酸 Communic acid	山达海松酸 Sandaracopimaric acid	海松醇 Pimarol	异海松酸 Isopimaric acid
含量(%) Content	3.5	1.3	0.1	1.2
组分 Components	长叶松酸/左旋海松酸 Palustric acid/levopimaric acid	去氢枞酸 Dehydroabietic acid		
含量(%) Content	30.8	2.5		
组分 Components	8,12-枞二烯酸 8,12-Abietadienoic acid	枞酸 Abietic acid		
含量(%) Content	0.2	5.5		
组分 Components	6,8,11,13-枞四烯酸 6,8,11,13-Abietatetraenoic acid	新枞酸 Neoabietic acid		
含量(%) Content	0.3	7.4		

续表

组分 Components	7,13,15-枞三烯酸 7,13,15-Abietatrienoic acid	7α-羟基去氢枞酸 7α-Hydroxydehydroabietic acid
含量(%) Content	0.9	0.1

由上表可以看出樟子松松脂特点：

(1) 检出组分约 31 个。

(2) 单萜类含量很高，约 44.1%，检出组分较多，约 10 个。其中 α-蒎烯 26.2%；β-蒎烯含量很低，仅 0.4%；而 3-蒈烯含量高达 12.1%；还有 β-水芹烯 0.8%；α-萜品烯 1.4%。

(3) 倍半萜类含量很低，约 0.9%，检出 4 个组分。其中长叶烯 0.2%。

(4) 双萜类含量约 54.8%，检出组分较少，约 17 个。其中枞酸和新枞酸含量很低，分别为 3.3% 和 4.1%。

长白松 *Pinus sylvestriformis* (Takenouchi) T. Wang ex Cheng [*Pinus sylvestris* L. var. *sylvestriformis* (Takenouchi) Cheng et C. D. Chu.]

又名长白赤松、美人松、长果赤松(在《中国树木志》列为独立树种，而在《中国植物志》列为欧洲赤松的变种)。

分布地区：吉林长白山区。

采集地点：吉林白河(43.5°N，128.1°E)。

松脂特征：

单萜类——含量 31.1%，检出 6 个组分。

组分 Components	α-蒎烯 α-Pinene	莰烯 Camphene	β-蒎烯 β-Pinene	α-香叶烯 α-Myrcene	苧烯 Limonene
含量(%) Content	18.0	0.2	4.3	0.9	7.3
组分 Components	α-萜品烯 α-Terpinene				
含量(%) Content	0.4				

倍半萜类——含量5.4%，检出13个组分。

组分 Components	α-柏木烯 α-Cedrene	β-玷玔烯 β-Copaene	异长叶烯 Isolongifolene	长叶烯 Longifolene	石竹烯 Caryophyllene
含量(%) Content	0.2	0.2	Tr	3.0	0.2

组分 Components	α-律草烯 α-Humulene	反-β-金合欢烯 trans-β-Farnesene	β-石竹烯 β-Caryophyllene	β-愈创木烯 β-Guaiene
含量(%) Content	Tr	0.1	Tr	1.0

组分 Components	γ-榄香烯 γ-Elemene	香树烯 Aromadendrene	β-榄香烯 β-Elemene	雪松醇 Cedrol
含量(%) Content	0.6	0.1	Tr	Tr

双萜类——含量63.3%，检出22个组分，其中枞酸型树脂酸45.2%，海松酸/异海松酸型树脂酸4.1%。

组分 Components	8,13-海松烯 8,13-Pimarene	异贝壳杉烯 Isokaurene	8,13-枞二烯 8,13-Abietadiene	阿替斯-15-烯 Atis-15-ene
含量(%) Content	Tr	0.1	0.1	Tr

组分 Components	松柏烯 Cembrene	海松醛 Pimaral	山达海松醛 Sandaracopimaral
含量(%) Content	2.4	0.1	2.0

组分 Components	8,15-异海松酸 8,15-Isopimaric acid	海松酸 Pimaric acid	湿地松酸 Communic acid
含量(%) Content	0.1	1.0	4.8

组分 Components	山达海松酸 Sandaracopimaric acid	海松醇 Pimarol	异海松酸 Isopimaric acid
含量(%) Content	1.9	0.1	1.1

组分 Components	长叶松酸/左旋海松酸 Palustric acid/levopimaric acid	去氢枞酸 Dehydroabietic acid
含量(%) Content	32.6	3.0

组分 Components	8,12-枞二烯酸 8,12-Abietadienoic acid	枞酸 Abietic acid
含量(%) Content	0.2	5.4

续表

组分 Components	6,8,11,13-枞四烯酸 6,8,11,13-Abietatetraenoic	新枞酸 Neoabietic acid
含量(%) Content	0.2	7.2
组分 Components	7,13,15-枞三烯酸 7,13,15-Abietatrienoic acid	7α-羟基去氢枞酸 7α-Hydroxydelrydroabietic acid
含量(%) Content	0.8	0.2

由上表可以看出长白松松脂特点:

(1) 检出组分很多,约41个。

(2) 单萜类含量约31.1%,检出组分较少,约6个。其中α-蒎烯18.0%;β-蒎烯4.3%;而苧烯含量很高,达7.3%。

(3) 倍半萜类含量较高,约5.4%,检出组分较多,约13个。其中长叶烯3.0%,石竹烯0.2%;还有β-愈创木烯1.0%。

(4) 双萜类含量约63.3%,检出组分较多,约22个。其中长叶松酸和左旋海松酸含量较高,约32.6%;还有松柏烯2.4%;山达海松醛2.0%。

油松 ***Pinus tabulaeformis*** **Carr.**

又名短叶松、红皮松、短叶马尾松、东北黑松、紫翅油松、巨果油松。为我国特有树种。

分布地区:以陕西、山西为分布中心,北至内蒙古,西至宁夏、青海,南至川、甘接壤地区,向东达陕西、河南、山西、河北、山东一带。

采集地点:山西中条山(34.8°N,110.5°E)。

松脂特征:

单萜类——含量44.6%,检出10个组分。

组分 Components	α-蒎烯 α-Pinene	莰烯 Camphene	β-水芹烯 β-Phellandrene	β-蒎烯 β-Pinene	α-香叶烯 α-Myrcene
含量(%) Content	39.4	0.4	0.1	0.7	0.4
组分 Components	β-香叶烯 β-Myrcene	苧烯 Limonene	α-萜品烯 α-Terpinene	对烯丙基茴香醚 p-Allylansole	α-萜品醇 α-Terpineol
含量(%) Content	2.1	0.7	0.6	0.1	0.1

倍半萜类——含量1.2%，检出6个组分。

组分 Components	α-柏木烯 α-Cedrene	β-玷玾烯 β-Copaene	长叶烯 Longifolene	石竹烯 Caryophyllene	α-律草烯 α-Humulene
含量(%) Content	0.2	0.1	0.7	Tr	Tr
组分 Components	反-β-金合欢烯 trans-β-Farnesene				
含量(%) Content	0.2				

双萜类——含量52.7%，检出24个组分，其中枞酸型树脂酸36.5%，海松酸/异海松酸型树脂酸4.5%。

组分 Components	8,13-海松烯 8,13-Pimarene	异贝壳杉烯 Isokaurene	8,13-枞二烯 8,13-Abietadiene	阿替斯-15-烯 Atis-15-ene
含量(%) Content	0.1	0.1	0.2	0.1
组分 Components	松柏烯 Cembrene	海松醛 Pimaral	山达海松醛 Sandaracopimaral	8,15-异海松酸 8,15-Isopimaric acid
含量(%) Content	0.1	2.0	1.6	0.7
组分 Components	海松酸 Pimaric acid	湿地松酸 Communic acid	山达海松酸 Sandaracopimaric acid	海松醇 Pimarol
含量(%) Content	0.9	2.3	1.2	0.2
组分 Components	异海松酸 Isopimaric acid	长叶松酸/左旋海松酸 Palustric acid/levopimaric acid	糖松酸 Lambertianic acid	
含量(%) Content	1.7	19.9	0.9	
组分 Components	去氢枞酸 Dehydroabietic acid	8,13(15)-枞二烯酸 8,13(15)-Abietadienoic acid		
含量(%) Content	2.8	0.2		
组分 Components	8,12-枞二烯酸 8,12-Abietadienoic acid	枞酸 Abietic acid		
含量(%) Content	0.4	9.4		
组分 Components	6,8,11,13-枞四烯酸 6,8,11,13-Abietatetraenoic acid	新枞酸 Neoabietic acid		
含量(%) Content	0.2	7.2		

续表

组分 Components	7,13,15-枞三烯酸 7,13,15-Abietatrienoic acid	7α-羟基去氢枞酸 7α-Hydroxydehydroabietic acid
含量(%) Content	0.4	0.1

由上表可以看出油松松脂特点：

(1) 检出组分较多，约 40 个。

(2) 单萜类含量很高，约 44.6%，检出组分较多，约 10 个。其中 α-蒎烯含量很高，达 39.4%；而 β-蒎烯含量很低，仅 0.7%；还有 β-香叶烯 2.1%。

(3) 倍半萜类含量约 1.2%，检出组分 6 个。其中长叶烯 0.7%；石竹烯痕量。

(4) 双萜类含量约 52.7%，检出组分很多，约 24 个。其中海松醛 2.0%；还有糖松酸 0.9%。

变种：**黑皮油松** ***Pinus tabulaeformis*** **Carr. var.** ***mukdensis*** **Uyeki.** 分布于辽宁沈阳及河北承德。

扫帚油松 ***Pinus tabulaeformis*** **Carr. var.** ***umbraculifera*** **Liou et Wang.** 作观赏用。

火炬松 ***Pinus taeda*** **L.**

分布地区：原产北美东南部。我国引种栽培。

采集地点：广东湛江(21.2°N，110.4°E)。

松脂特征：

单萜类——含量 44.0%，检出 8 个组分。

组分 Components	α-蒎烯 α-Pinene	莰烯 Camphene	β-蒎烯 β-Pinene	α-香叶烯 α-Myrcene	苧烯 Limonene
含量(%) Content	31.9	0.5	9.5	0.7	0.5
组分 Components	α-萜品烯 α-Terpinene	α-萜品醇 α-Terpineol	十三烷 Tridecane		
含量(%) Content	Tr	0.8	0.1		

倍半萜类——只检出 3 个痕量组分。

组分 Components	β-玷玊烯 β-Copaene	长叶烯 Longifolene	石竹烯 Caryophyllene
含量(%) Content	Tr	Tr	Tr

双萜类——含量 55.7%，检出 16 个组分，其中枞酸型树脂酸 42.8%，海松酸/异海松酸型树脂酸 3.4%。

组分 Components	8,13-海松烯 8,13-Pimarene	8,13-枞二烯 8,13-Abietadiene	山达海松醛 Sandaracopimaral	8,15-异海松酸 8,15-Isopimaric acid
含量(%) Content	Tr	Tr	0.5	Tr
组分 Components	海松酸 Pimaric acid	湿地松酸 Communic acid	山达海松酸 Sandaracopimaric acid	异海松酸 Isopimaric acid
含量(%) Content	0.3	3.2	1.2	1.9
组分 Components	长叶松酸/左旋海松酸 Palustric acid/levopimaric acid		去氢枞酸 Dehydroabietic acid	
含量(%) Content	28.1		3.9	
组分 Components	8,12-枞二烯酸 8,12-Abietadienoic acid		枞酸 Abietic acid	新枞酸 Neoabietic acid
含量(%) Content	0.1		6.4	8.3
组分 Components	7,13,15-枞三烯酸 7,13,15-Abietatrienoic acid		7α-羟基去氢枞酸 7α-Hydroxydehydroabietic acid	
含量(%) Content	1.2		0.6	

由上表可以看出火炬松松脂特点：

(1) 检出组分较少，约 27 个。

(2) 单萜类含量很高，约 44.0%，检出 8 个组分。其中 α-蒎烯和 β-蒎烯含量都较高，分别为 31.9%和 9.5%。

(3) 在倍半萜类中，只检出 3 个痕量组分。其中长叶烯和石竹烯均为痕量。

(4) 双萜类含量约 55.7%，检出组分较少，约 16 个。

黄山松 *Pinus taiwanensis* Hayata(*Pinus hwangshanensis* Hsia)

又名台湾松、台湾二针松。

分布地区：台湾、福建、浙江、安徽、江西、湖南南部、湖北东部和河南南部等地，为我国特有树种。

采集地点：安徽黄山(30.3°N，118.1°E)。

松脂特征：

单萜类——含量36.4%，检出7个组分。

组分 Components	α-蒎烯 α-Pinene	莰烯 Camphene	β-蒎烯 β-Pinene	α-香叶烯 α-Myrcene	β-香叶烯 β-Myrcene
含量(%) Content	33.3	0.6	1.1	0.5	0.2
组分 Components	苧烯 Limonene	α-萜品烯 α-Terpinene			
含量(%) Content	0.7	Tr			

倍半萜类——含量16.6%，检出12个组分。

组分 Components	α-柏木烯 α-Cedrene	β-玷㞗烯 β-Copaene	异长叶烯 Isolongifolene	长叶烯 Longifolene	石竹烯 Caryophyllene
含量(%) Content	0.5	0.8	0.4	12.4	1.7

组分 Components	α-律草烯 α-Humulene	反-β-金合欢烯 trans-β-Farnesene	β-石竹烯 β-Caryophyllene	β-愈创木烯 β-Guaiene
含量(%) Content	Tr	0.5	Tr	Tr
组分 Components	γ-榄香烯 γ-Elemene	β-榄香烯 β-Elemene	雪松醇 Cedrol	
含量(%) Content	Tr	Tr	0.3	

双萜类——含量46.8%，检出19个组分，其中枞酸型树脂酸35.6%，海松酸/异海松酸型树脂酸1.8%。

组分 Components	8,13-海松烯 8,13-Pimarene	8,13-枞二烯 8,13-Abietadiene	山达海松醛 Sandaracopimaral
含量(%) Content	Tr	Tr	0.5

续表

组分 Components	8,15-异海松酸 8,15-Isopimaric acid	海松酸 Pimaric acid	湿地松酸 Communic acid
含量(%) Content	0.1	0.1	3.0
组分 Components	山达海松酸 Sandaracopimaric acid	异海松酸 Isopimaric acid	
含量(%) Content	0.9	0.7	
组分 Components	长叶松酸/左旋海松酸 Palustric acid/levopimaric acid	糖松酸 Lambertianic acid	去氢枞酸 Dehydroabietic acid
含量(%) Content	28.2	0.4	4.2
组分 Components	8,13(15)-枞二烯酸 8,13(15)-Abietadienoic acid	8,12-枞二烯酸 8,12-Abietadienoic acid	
含量(%) Content	0.1	0.2	
组分 Components	枞酸 Abietic acid	6,8,11,13-枞四烯酸 6,8,11,13-Abietatetraenoic acid	新枞酸 Neoabietic acid
含量(%) Content	3.3	0.2	4.1
组分 Components	7,13,15-枞三烯酸 7,13,15-Abietatrienoic acid	7α-羟基去氢枞酸 7α-Hydroxydehydroabietic acid	
含量(%) Content	0.6	0.2	

由上表可以看出黄山松松脂特点：

(1) 检出组分较多，约 38 个。

(2) 单萜类含量约 36.4%，检出组分较少，约 7 个。其中 α-蒎烯含量较高，约 33.3%；β-蒎烯 1.1%；还有 β-香叶烯 0.2%。

(3) 倍半萜类含量很高，约 16.6%，检出组分较多，约 12 个。其中长叶烯含量高达 12.4%；石竹烯 1.7%。

(4) 双萜类含量较低，约 46.8%，检出 19 个组分。其中异海松酸，枞酸和新枞酸含量都很低，分别为 0.7%，3.3% 和 4.1%；还有糖松酸 0.4%。

变种：大明松　*Pinus taiwanensis* Hayata var. *damingshanensis* Cheng et L. K. Fu

大明松 ***Pinus taiwanensis*** **Hayata var.** ***damingshanens is*** **Cheng et L. K. Fu**

是黄山松的变种。

分布地区：广西大明山和贵州梵净山。

采集地点：广西大明山。

松脂特征：

单萜类——含量22.0%，检出7个组分。

组分 Components	α-蒎烯 α-Pinene	莰烯 Camphene	β-蒎烯 β-Pinene	α-香叶烯 α-Myrcene	β-香叶烯 β-Myrcene
含量(%) Content	18.1	0.3	2.1	0.1	0.7
组分 Components	苧烯 Limonene	α-萜品烯 α-Terpinene			
含量(%) Content	0.6	0.1			

倍半萜类——含量9.1%，检出8个组分。

组分 Components	α-柏木烯 α-Cedrene	β-玷㺟烯 β-Copaene	异长叶烯 Isolongifolene	长叶烯 Longifolene	石竹烯 Caryophyllene
含量(%) Content	0.3	0.4	0.1	7.0	0.8
组分 Components	α-律草烯 α-Humulene	反-β-金合欢烯 trans-β-Farnesene	β-愈创木烯 β-Guaiene		
含量(%) Content	0.2	0.2	0.1		

双萜类——含量68.8%，检出19个组分，其中枞酸型树脂酸57.9%，海松酸/异海松酸型树脂酸1.8%。

组分 Components	8,13-海松烯 8,13-Pimarene	异贝壳杉烯 Isokaurene	海松醛 Pimaral	山达海松醛 Sandaracopimaral
含量(%) Content	Tr	Tr	Tr	0.2
组分 Components	8,15-异海松酸 8,15-Isopimaric acid	海松酸 Pimaric acid	湿地松酸 Communic acid	
含量(%) Content	0.1	Tr	3.9	

续表

组分 Components	山达海松酸 Sandaracopimaric acid	异海松酸 Isopimaric acid	
含量(%) Content	1.5	0.2	
组分 Components	长叶松酸/左旋海松酸 Palustric acid/levopimaric acid	去氢枞酸 Dehydroabietic acid	
含量(%) Content	41.6	3.3	
组分 Components	8,13(15)-枞二烯酸 8,13(15)-Abietadienoic acid	8,12-枞二烯酸 8,12-Abietadienoic acid	枞酸 Abietic acid
含量(%) Content	0.1	0.3	6.4
组分 Components	6,8,11,13-枞四烯酸 6,8,11,13-Abietatetraenoic acid	新枞酸 Neoabietic acid	
含量(%) Content	0.4	9.9	
组分 Components	7,13,15-枞三烯酸 7,13,15-Abietatrienoic acid	7α-羟基去氢枞酸 7α-Hydroxydehydroabietic acid	
含量(%) Content	0.8	0.1	

由上表可以看出大明松松脂特点：

(1) 检出组分约34个。

(2) 单萜类含量较低,约22.0%,检出组分较少,约7个。其中α-蒎烯18.1%;β-蒎烯2.1%。

(3) 倍半萜类含量较高,约9.1%,检出8个组分。其中长叶烯含量较高,约7.0%;石竹烯0.8%。

(4) 双萜类含量较高,约68.8%,检出19个组分。海松酸/异海松酸型树脂酸含量很低,约1.8%,其中异海松酸仅0.2%;海松酸痕量。枞酸型树脂酸含量很高,约57.9%,其中长叶松酸和左旋海松酸高达41.6%。

兴凯湖松 ***Pinus takahasii* Nakai**

又名兴凯松、兴凯赤松、黑河赤松。

分布地区：黑龙江东南部。

采集地点：黑龙江密山(44.3°N,128.1°E)。

松脂特征：

单萜类——含量32.7%,检出8个组分。

组分 Components	α-蒎烯 α-Pinene	莰烯 Camphene	β-蒎烯 β-Pinene	α-香叶烯 α-Myrcene	β-香叶烯 β-Myrcene
含量(%) Content	14.6	0.2	5.5	1.0	Tr
组分 Components	苧烯 Limonene	γ-萜品烯 γ-Terpinene	α-萜品烯 α-Terpinene		
含量(%) Content	11.0	Tr	0.4		

倍半萜类——含量5.5%,检出13个组分。

组分 Components	α-柏木烯 α-Cedrene	β-玷玔烯 β-Copaene	异长叶烯 Isolongifolene	长叶烯 Longifolene	石竹烯 Caryophyllene
含量(%) Content	0.2	0.1	0.1	3.7	0.2
组分 Components	α-律草烯 α-Humulene	反-β-金合欢烯 trans-β-Farnesene	β-石竹烯 β-Caryophyllene	β-愈创木烯 β-Guaiene	
含量(%) Content	Tr	0.2	Tr	0.7	
组分 Components	γ-榄香烯 γ-Elemene	β-防风根烯 β-Bisabolene	香树烯 Aromadendrene	β-榄香烯 β-Elemene	
含量(%) Content	0.3	Tr	Tr	Tr	

双萜类——含量61.6%,检出21个组分,其中枞酸型树脂酸46.5%,海松酸/异海松酸型树脂酸2.6%。

组分 Components	8,13-海松烯 8,13-Pimarene	异贝壳杉烯 Isokaurene	8,13-枞二烯 8,13-Abietadiene	松柏烯 Cembrene	海松醛 Pimaral
含量(%) Content	Tr	0.1	Tr	2.1	Tr
组分 Components	山达海松醛 Sandaracopimaral	8,15-异海松酸 8,15-Isopimaric acid	海松酸 Pimaric acid		
含量(%) Content	1.2	Tr	0.2		
组分 Components	湿地松酸 Communic acid	山达海松酸 Sandaracopimaric acid	海松醇 Pimarol	异海松酸 Isopimaric acid	
含量(%) Content	5.1	1.5	0.2	0.9	

续表

组分 Components	长叶松酸/左旋海松酸 Palustric acid/levopimaric acid	去氢枞酸 Dehydroabietic acid
含量(%) Content	28.6	2.4
组分 Components	8,12-枞二烯酸 8,12-Abietadienoic acid	枞酸 Abietic acid
含量(%) Content	0.2	6.9
组分 Components	6,8,11,13-枞四烯酸 6,8,11,13-Abietatetraenoic acid	新枞酸 Neoabietic acid
含量(%) Content	0.2	11.0
组分 Components	7,13,15-枞三烯酸 7,13,15-Abietatrienoic acid	7α-羟基去氢枞酸 7α-Hydroxydehydroabietic acid
含量(%) Content	0.9	0.1

由上表可以看出兴凯湖松松脂特点：

(1) 检出组分很多，约 42 个。

(2) 单萜类含量约 32.7%，检出 8 个组分。其中 α-蒎烯含量较低，约 14.6%；β-蒎烯 5.5%；而苧烯含量很高，达 11.0%。

(3) 倍半萜类含量较高，约 5.5%，检出组分较多，约 13 个。其中长叶烯含量较高，约 3.7%；石竹烯 0.2%。

(4) 双萜类含量约 61.6%，检出 21 个组分。其中异海松酸含量很低，仅 0.9%；新枞酸含量较高，约 11.0%。还有松柏烯和湿地松酸含量较高，分别为 2.1% 和 5.1%。

黑松　*Pinus thunbergii* Parl.

又名日本黑松。

分布地区：原产日本、朝鲜南部。我国引种栽培。

采集地点：辽宁旅顺(38.9°N，121.5°E)。

松脂特征：

单萜类——含量 36.2%，检出 8 个组分。

组分 Components	α-蒎烯 α-Pinene	莰烯 Camphene	β-蒎烯 β-Pinene	α-香叶烯 Myrcene	苧烯 Limonene
含量(%) Content	32.1	0.5	1.9	0.4	1.2
组分 Components	α-萜品烯 α-Terpinene	莰醇-1 1-Borneol	α-萜品醇 α-Terpineol		
含量(%) Content	0.1	Tr	Tr		

倍半萜类——含量7.7%，检出10个组分。

组分 Components	α-柏木烯 α-Cedrene	β-玷玶烯 β-Copaene	异长叶烯 Isolongifolene	长叶烯 Longifolene
含量(%) Content	0.2	0.3	0.2	6.4
组分 Components	石竹烯 Caryophyllene	α-律草烯 α-Humulene	β-愈创木烯 β-Guaiene	γ-榄香烯 γ-Elemene
含量(%) Content	0.1	0.2	0.1	Tr
组分 Components	β-防风根烯 β-Bisabolene	雪松醇 Cedrol		
含量(%) Content	0.1	0.1		

双萜类——含量54.4%，检出17个组分，其中枞酸型树脂酸41.5%，海松酸/异海松酸型树脂酸2.2%。

组分 Components	8,13-海松烯 8,13-Pimarene	8,13-枞二烯 8,13-Abietadiene	阿替斯-15-烯 Atis-15-ene	海松醛 Pimaral
含量(%) Content	Tr	Tr	Tr	Tr
组分 Components	山达海松醛 Sandaracopimaral	海松酸 Pimaric acid	湿地松酸 Communic acid	
含量(%) Content	0.7	0.3	2.9	
组分 Components	山达海松酸 Sandaracopimaric acid	异海松酸 Isopimaric acid		
含量(%) Content	1.6	0.3		

续表

组分 Components	长叶松酸/左旋海松酸 Palustric acid/levopimaric acid		去氢枞酸 Dehydroabietic acid
含量(%) Content	29.8		5.4
组分 Components	8,12-枞二烯酸 8,12-Abietadienoic acid	枞酸 Abietic acid	新枞酸 Neoabietic acid
含量(%) Content	Tr	5.2	6.5
组分 Components	7,13,15-枞三烯酸 7,13,15-Abietatrienoic acid		7α-羟基去氢枞酸 7α-Hydroxydehydroabietic acid
含量(%) Content	1.0		0.7

由上表可以看出黑松松脂特点：

(1) 检出组分约35个。

(2) 单萜类含量约36.2%，检出8个组分。其中α-蒎烯含量较高，约32.1%；β-蒎烯1.9%。

(3) 倍半萜类含量较高，约7.7%，检出10个组分。其中长叶烯含量较高，约6.4%；石竹烯0.1%。

(4) 双萜类含量约54.4%，检出组分较少，约17个。其中异海松酸含量很低，仅0.3%；去氢枞酸含量较高，约5.4%。

热带松 *Pinus tropicalis* Morelet.

分布地区：原产古巴西部，为该地区的特产树种。我国广东引种栽培。

采集地点：因故尚未采集到松脂。

矮松 *Pinus virginiana* Mill.

分布地区：原产北美。我国引种栽培。

采集地点：浙江富阳(30.9°N，119.9°E)。

松脂特征：

单萜类——含量37.6%，检出8个组分。

组分 Components	α-蒎烯 α-Pinene	莰烯 Camphene	β-蒎烯 β-Pinene	α-香叶烯 α-Myrcene	β-香叶烯 β-Myrcene
含量(%) Content	19.8	0.4	16.0	0.4	0.2
组分 Components	苧烯 Limonene	α-萜品烯 α-Terpinene	十三烷 Tridecane		
含量(%) Content	0.8	Tr	Tr		

倍半萜类——只检出3个痕量组分。

组分 Components	长叶烯 Longifolene	石竹烯 Caryophyllene	反-β-金合欢烯 trans-β-Farnesene
含量(%) Content	Tr	Tr	Tr

双萜类——含量61.5%,检出18个组分,其中枞酸型树脂酸51.8%,海松酸/异海松酸型树脂酸1.8%。

组分 Components	8,13-海松烯 8,13-Pimarene	8,13-枞二烯 8,13-Abietadiene	阿替斯-15-烯 Atis-15-ene	海松醛 Pimaral
含量(%) Content	Tr	Tr	Tr	Tr
组分 Components	山达海松醛 Sandaracopimaral	8,15-异海松酸 8,15-Isopimaric acid	海松酸 Pimaric acid	
含量(%) Content	0.3	0.1	0.1	
组分 Components	湿地松酸 Communic acid	山达海松酸 Sandaracopimaric acid	异海松酸 Isopimaric acid	
含量(%) Content	2.2	1.0	0.6	
组分 Components	长叶松酸/左旋海松酸 Palustric acid/levopimaric acid	去氢枞酸 Dehydroabietic acid		
含量(%) Content	30.8	3.6		
组分 Components	8,12-枞二烯酸 8,12-Abietadienoic acid	枞酸 Abietic acid	新枞酸 Neoabietic acid	
含量(%) Content	Tr	12.0	9.0	

续表

组分 Components	7,13,15-枞三烯酸 7,13,15-Abietatrienoic acid	7α-羟基去氢枞酸 7α-Hydroxydehydroabietic acid
含量(%) Content	1.4	0.4

由上表可以看出矮松松脂特点：

(1) 检出组分较少，约29个。

(2) 单萜类含量约37.6%，检出8个组分。其中α-蒎烯含量约19.8%；而β-蒎烯含量很高，达16.0%。

(3) 在倍半萜类中只检出3个痕量组分。

(4) 双萜类含量约61.5%，检出18个组分。海松酸/异海松酸型树脂酸含量很低，约1.7%，其中异海松酸仅0.6%。枞酸型树脂酸含量较高，约51.8%，其中枞酸含量约12.0%。

毛枝五针松 *Pinus wangii* Hu et Cheng

又名云南五针松、滇南松。为我国特有树种。

分布地区：云南东南部。

采集地点：云南西畴(23.4°N，104.7°E)。

松脂特征：

单萜类——含量21.9%，检出7个组分。

组分 Components	α-蒎烯 α-Pinene	莰烯 Camphene	β-蒎烯 β-Pinene	α-香叶烯 α-Myrcene	苧烯 Limonene
含量(%) Content	19.1	0.2	0.8	0.2	0.3
组分 Components	α-萜品烯 α-Terpinene	十一烷 Undecane			
含量(%) Content	0.1	1.2			

倍半萜类——含量1.6%，检出8个组分。

组分 Components	异长叶烯 Isolongifolene	长叶烯 Longifolene	石竹烯 Caryophyllene	反-β-金合欢烯 trans-β-Farnesene
含量(%) Content	Tr	0.3	0.5	0.1

续表

组分 Components	β-愈创木烯 β-Guaiene	γ-榄香烯 γ-Elemene	香树烯 Aromadendrene	β-榄香烯 β-Elemene
含量(%) Content	0.2	0.3	0.2	Tr

双萜类——含量76.2%，检出16个组分，其中枞酸型树脂酸35.0%，海松酸/异海松酸型树脂酸15.7%。

组分 Components	阿替斯-15-烯 Atis-15-ene	海松醛 Pimaral	山达海松醛 Sandaracopimaral	8,15-异海松酸 8,15-Isopimaric acid
含量(%) Content	0.1	0.3	1.7	2.3
组分 Components	海松酸 Pimaric acid	湿地松酸 Communic acid	山达海松酸 Sandaracopimaric acid	异海松酸 Isopimaric acid
含量(%) Content	0.4	0.3	0.9	12.1
组分 Components	长叶松酸/左旋海松酸 Palustric acid/levopimaric acid		糖松酸 Lambertianic acid	
含量(%) Content	8.6		19.0	
组分 Components	去氢枞酸 Dehydroabietic acid	枞酸 Abietic acid	新枞酸 Neoabietic acid	
含量(%) Content	2.8	19.0	7.4	
组分 Components	7,13,15-枞三烯酸 7,13,15-Abietatrienoic acid		7α-羟基去氢枞酸 7α-Hydroxydehydroabietic acid	
含量(%) Content	1.1		0.2	

由上表可以看出毛枝五针松松脂特点：

(1) 检出组分约31个。

(2) 单萜类含量较低，约21.9%，检出组分也少，约7个。其中α-蒎烯19.1%；β-蒎烯含量很低，仅0.8%；还有十一烷1.2%。

(3) 倍半萜类含量约1.6%，检出8个组分。其中长叶烯0.3%，石竹烯0.5%。

(4) 双萜类含量很高，约76.2%，但检出组分较少，约16个。海松酸/异海松酸型树脂酸含量较高，约15.7%，其中异海松酸含量约12.1%。长叶松酸和左旋海松酸含量很低，仅8.6%；但枞酸含量较高，约19.0%。另外，糖松酸含量很高，达19.0%；8,15-异海松酸含量也较高，约2.3%。

武陵松　*Pinus wulinensis* C.J.Qi et Q. Z. Ling

在《中国植物志》或《中国树木志》中未列出该树种，但是在《湖南植物名录》中将它作为马尾松的变种［*Pinus massoniana* Lamb. var. *wulinensis* C.J.Qi et Q.Z.Ling］。

分布地区：湖南西北部。

采集地点：湖南张家界(29.3°N,110.5°E)。

松脂特征：

单萜类——含量 39.7%，检出 9 个组分。

组分 Components	α-蒎烯 α-Pinene	莰烯 Camphene	β-蒎烯 β-Pinene	α-香叶烯 α-Myrcene	β-香叶烯 β-Myrcene
含量(%) Content	35.8	0.4	1.7	0.4	0.4
组分 Components	苧烯 Limonene	γ-萜品烯 γ-Terpinene	α-萜品烯 α-Terpinene	对烯丙基茴香醚 p-Allylanisde	
含量(%) Content	1.0	Tr	Tr	Tr	

倍半萜类——含量 0.4%，检出 5 个组分。

组分 Components	α-柏木烯 α-Cedrene	β-玷玭烯 β-Copaene	异长叶烯 Isolongifolene	γ-榄香烯 γ-Elemene	雪松醇 Cedrol
含量(%) Content	Tr	0.1	0.1	0.2	Tr

双萜类——含量 59.1%，检出 21 个组分，其中枞酸型树脂酸 41.0%，海松酸/异海松酸型树脂酸 1.7%。

组分 Components	异贝壳杉烯 Isokaurene	8,13-枞二烯 8,13-Abietadiene	松柏烯 Cembrene	海松醛 Pimaral
含量(%) Content	Tr	Tr	7.5	0.2
组分 Components	山达海松醛 Sandaracopimaral	8,15-异海松酸 8,15-Isopimaric acid	海松酸 Pimaric acid	
含量(%) Content	0.7	0.1	0.1	

续表

组分 Components	湿地松酸 Communic acid	山达海松酸 Sandaracopimaric acid	异海松酸 Isopimaric acid
含量(%) Content	3.7	1.3	0.2
组分 Components	长叶松酸/左旋海松酸 Palustric acid/levopimaric acid	糖松酸 Lambertianic acid	
含量(%) Content	27.8	0.2	
组分 Components	去氢枞酸 Dehydroabietic acid	8,13(15)-枞二烯酸 8,13(15)-Abietadienoic acid	
含量(%) Content	2.8	0.2	
组分 Components	8,12-枞二烯酸 8,12-Abietadienoic acid	枞酸 Abietic acid	6,8,11,13-枞四烯酸 6,8,11,13-Abietatrienoic acid
含量(%) Content	0.2	7.3	0.1
组分 Components	新枞酸 Neoabietic acid	7,13,15-枞三烯酸 7,13,15-Abietatrienoic acid	
含量(%) Content	5.9	0.6	
组分 Components	7α-羟基去氢枞酸 7α-Hydroxydehydroabietic acid		
含量(%) Content	0.2		

由上表可以看出武陵松松脂特点：

(1) 检出组分约35个。

(2) 单萜类含量较高，约39.7%，检出9个组分。其中α-蒎烯含量很高，达35.8%；β-蒎烯1.7%；还有β-香叶烯0.4%。

(3) 倍半萜类含量很低，约0.4%，检出5个组分。

(4) 双萜类含量约59.1%，检出21个组分。海松酸/异海松酸型树脂酸含量很低，约1.7%，其中异海松酸仅0.2%。另外，松柏烯含量很高，达7.5%；糖松酸0.2%。

云南松 *Pinus yunnanensis* Franch.

又名青松、飞松、长毛松。

分布地区：西南地区，包括四川西南部，贵州西部，广西西部，云南，西藏昌都以南。

采集地点：云南永仁(26.1°N，101.7°E)。

松脂特征：

单萜类——含量43.5%，检出7个组分。

组分 Components	α-蒎烯 α-Pinene	莰烯 Camphene	β-蒎烯 β-Pinene	α-香叶烯 α-Myrcene	苧烯 Limonene
含量(%) Content	38.3	0.5	2.0	0.5	1.7

组分 Components	α-萜品烯 α-Terpinene	α-萜品醇 α-Terpineol
含量(%) Content	0.1	0.4

倍半萜类——含量0.5%，检出8个组分。

组分 Components	β-玷㸬烯 β-Copaene	异长叶烯 Isolongifolene	长叶烯 Longifolene	石竹烯 Caryophyllene
含量(%) Content	Tr	Tr	0.2	0.2

组分 Components	反-β-金合欢烯 trans-β-Farnesene	β-愈创木烯 β-Guaiene	香树烯 Aromadendrene	β-榄香烯 β-Elemene
含量(%) Content	0.1	Tr	Tr	Tr

双萜类——含量55.8%，检出21个组分，其中枞酸型树脂酸45.1%，海松酸/异海松酸型树脂酸3.6%。

组分 Components	8,13-海松烯 8,13-Pimarene	8,13-枞二烯 8,13-Abietadiene	阿替斯-15-烯 Atis-15-ene	海松醛 Pimaral
含量(%) Content	Tr	Tr	Tr	Tr

组分 Components	山达海松醛 Sandaracopimaral	8,15-异海松酸 8,15-Isopimaric acid	异海松醛 Psopimaral	海松酸 Pimaric acid
含量(%) Content	0.6	0.1	Tr	0.7

组分 Components	湿地松酸 Communic acid	山达海松酸 Sandaracopimaric acid	海松醇 Pimarol	异海松酸 Isopimaric acid
含量(%) Content	2.9	1.4	Tr	1.4

续表

组分 Components	长叶松酸/左旋海松酸 Palustric acid/levopimaric acid	去氢枞酸 Dehydroabietic acid
含量(%) Content	30.9	2.6
组分 Components	8,12-枞二烯酸 8,12-Abietadienoic acid	枞酸 Abietic acid
含量(%) Content	Tr	5.5
组分 Components	6,8,11,13-枞四烯酸 6,8,11,13-Abietatetraenoic acid	新枞酸 Neoabietic acid
含量(%) Content	0.3	8.7
组分 Components	7,13,15-枞三烯酸 7,13,15-Abietatrienoic acid	7α-羟基去氢枞酸 7α-Hydroxydehydroabietic acid
含量(%) Content	0.6	0.1

由上表可以看出云南松特点：

(1) 检出组分约 36 个。

(2) 单萜类含量很高,约 43.5%,检出组分较少,约 7 个。其中 α-蒎烯含量很高,达 38.3%;β-蒎烯 2.0%。

(3) 倍半萜类含量很低,约 0.5%,检出 8 个组分。其中长叶烯 0.2%,石竹烯 0.2%。

(4) 双萜类含量约 55.8%,检出 21 个组分。

变种:**细叶云南松** ***Pinus yunnanensis*** **Franch. var.** ***tenuifolia*** **Cheng et Law.** 分布于贵州西南部和广西西北部及西部。

地盘松 ***Pinus yunnanensis*** **Franch. var.** ***pygmaea*** **(Hsüeh) Hsüeh.** 分布于四川西南部和云南西北部。

Chapter 3 Chemical Characteristics of Oleoresins from each Pine Species

The analytical results indicated that more than 50 components, whose contents are more than 0.1%, coexist in oleoresin. Of these components, monoterpenoids are mainly composed of α-pinene, camphene, β-pinene, α-myrcene, limonene, and α-terpinene; Sesquiterpenoids are mainly composed of isolongifolene, longifolene, and caryophllene, while diterpenoids are mainly composed of pimaric acids/isopimaric acids type resin acids (e. g. 8,15-isopimaric acid, pimaric acid, sandaracopimaric acid, isopimaric acid), abietic acid type resin acids (e. g. palustric acid, levopimaric acid, abietic acid, neoabietic acid), as well as cembrene, communic acid, lambertianic acid, dehydroabietic acid, etc. This chapter alphabetically lists the distribution regions, collection places, and oleoresin characteristics of each pine species.

第 4 章 白松亚属和油松亚属松脂的化学特征

Hegnauer R (1962)认为各个松树树种的松脂都有相同的树脂酸组成。之后,Dauben W G 和 German V F (1966)发现在糖松松脂中含有糖松酸。作者经分析研究发现,糖松酸存在与否是白松亚属和油松亚属松脂最显著的区别。同时也发现这两个亚属在单萜类和双萜类化合物含量上有一定区别;在一些树脂酸含量,即海松酸/异海松酸型树脂酸和枞酸型树脂酸含量上也有明显不同。

4.1 白松亚属松脂的化学特征

由表 4.1 可以看出,从白松亚属松树松脂中共检出 51 个不同组分。其中单萜类 14 个组分,倍半萜类 14 个组分和双萜类 23 个组分。

中国白松亚属松脂中单萜类化合物含量较低,检出组分 6～11 个。除乔松松脂中单萜类含量约 40%外,其他树种均在 31%以下。在红松和乔松松脂中检出单萜类组分最多,分别为 11 个和 10 个。α-蒎烯含量为 15.0%～24.2%,唯有乔松和华南五针松松脂中 α-蒎烯含量仅为 6.8%和 1.0%。红松、海南五针松和乔松松脂含有较高数量的 β-蒎烯,分别为 10.7%,9.0%和 12.3%;华山松和大别山五针松松脂的 β-蒎烯含量分别为 2.3%和

3.3%。大多数树种松脂均含有少量莰烯和 α-香叶烯，唯华南五针松松脂含有高达 16.1% 的 α-香叶烯。华山松松脂还含有 0.6% β-香叶烯。新疆五针松松脂中 3-蒈烯含量较高，约 7.2%。各树种均含有苧烯，但乔松松脂中苧烯含量高达 19.4%。各树种松脂还分别含有少量或痕量的 γ-萜品烯、α-萜品烯、十一烷、1-莰醇、α-萜品醇和十三烷等。

倍半萜类含量在 0.1%～3.0% 之间。检出组分 2～12 个。各树种松脂分别含有少量或痕量的 α-荜澄茄烯、β-玷玭烯、异长叶烯、长叶烯、石竹烯、α-律草烯、反-β-金合欢烯、β-石竹烯、β-愈创木烯、γ-榄香烯、β-防风根烯、香树烯、β-榄香烯和雪松醇。大别山五针松松脂的倍半萜类检出组分最多，约 12 个。海南五针松松脂的倍半萜类含量最高，约 3.0%。而乔松和华南五针松松脂分别只检出 3 个和 2 个组分，含量仅为 0.3% 和 0.1%，是中国白松亚属松脂中倍半萜类含量最低、组分最少的树种。

在白松亚属松脂中双萜类含量较高。除乔松松脂含量仅 59.3% 外，其他树种双萜类含量均在 65.6%～80.1% 之间，以华南五针松松脂中含量最高。检出组分 16～22 个，以华山松和大别山五针松最多。高含量的糖松酸是白松亚属松脂最显著的特征。各树种松脂分别含有少量或痕量的 8,13-海松烯、异贝壳杉烯、8,13-枞二烯、阿替斯-15-烯、海松醛和山达海松醛。其中红松、新疆五针松和大别山五针松松脂含有较高数量的松柏烯，分别为 4.5%，9.3% 和 1.2%。华山松松脂含有山达海松醛较多，约 3.3%。白松亚属松脂均含有 8,15-异海松酸、海松酸、湿地松酸、山达海松酸、异海松酸、长叶松酸、左旋海松酸、去氢枞酸、枞酸和新枞酸。其中异海松酸含量均超过 10%；长叶松酸和左旋海松酸含量低于 10%；枞酸含量高于 15%。各树种还分别含有少量的 8,12-枞二烯酸、6,8,11,13-枞四烯酸、7,13,15-枞三烯酸和 7α-羟基去氢枞酸。

北美乔松分布于北美和中美洲。按《中国树木志》(1983) 分类法（附录 2）和 Critchfield W B 和 Little E L(1966) 的分类法（附录 3），它与上述 8 种松树同属白松亚属的白松组（Sect. *Strobus*）。从它的松脂特征来看，具有中国白松亚属松脂基本特征。共检出 34 个组分。其中单萜类含量约 22.5%，检出 9 个组分；倍半萜类 0.9%，5 个组分；双萜类约 75.7%，20 个组分。它的糖松酸含量也很高，达 22.0%；异海松酸含量大于 10%，约 11.0%；长叶松酸和左旋海松酸含量小于 10%，约 5.0%；枞酸含量大于

15%，约 18.9%。

综上所述，白松亚属松脂具有以下特点：

（1）含有大量的糖松酸，含量在 9.7%～25.0%之间。

（2）单萜类化合物含量较低，9 个树种平均值为 27.4%，其中 90%树种含量低于 31%；倍半萜类含量也较低，平均值为 1.5%；而双萜类含量较高，平均值为 70.5%，其中 90%树种含量超过 65%。

（3）在双萜类化合物中，异海松酸和枞酸含量较高，分别高于 10%和 15%，而长叶松酸和左旋海松酸含量低于 10%。

（4）海松酸/异海松酸型树脂酸含量均高于 13%；而枞酸型树脂酸含量则低于 40%。

表 4.1　白松亚属松脂的化学组成(%)

Table 4.1　Chemical compositions of oleoresins of Subgen. *Strobus*

	红　松 *P. koraiensis*	新疆五针松 *P. sibirica*	华山松 *P. armandi*	大别山五针松 *P. dabeshanensis*	海南五针松 *P. fenzeliana*	乔　松 *P. griffithii*	华南五针松 *P. kwangtungensis*	毛枝五针松 *P. wangii*	北美乔松 *P. strobus*
α-蒎烯 α-Pinene	15.0	16.0	21.8	24.2	20.8	6.8	1.0	19.1	7.8
莰烯 Camphene	0.3	0.2	0.3	0.2	0.1	0.1		0.2	0.1
β-水芹烯 β-Phellandrene									0.4
β-蒎烯 β-Pinene	10.7	0.8	2.3	3.3	9.0	12.3	0.7	0.8	1.5
α-香叶烯 α-Myrcene	0.5	0.3	0.6	0.4	0.2	0.8	16.1	0.2	0.7
β-香叶烯 β-Myrcene			0.6			Tr			0.1
3-蒈烯 3-Carene	0.8	7.2				0.1	Tr		
苧烯 Limonene	1.0	0.9	0.8	0.7	0.6	19.4	0.2	0.3	11.0
γ-萜品烯 γ-Terpinene	Tr	Tr							
α-萜品烯 α-Terpinene	0.6	0.5	0.1	Tr	Tr	0.1		0.1	0.1
十一烷 Undecane	0.6			0.5		0.1	0.9	1.2	
1-莰醇 1-Borneol			0.2						0.8

续表

	红　松 P. koraiensis	新疆五针松 P. sibirica	华山松 P. armandi	大别山五针松 P. dabeshanensis	海南五针松 P. fenzeliana	乔　松 P. griffithii	华南五针松 P. kwangtungensis	毛枝五针松 P. wangii	北美乔松 P. strobus
α-萜品醇 α-Terpineol	Tr		0.2	Tr	0.1				
十三烷 Tridecane	0.3			0.1	0.1	0.3			
α-荜澄茄烯 α-Cubebene	0.2		Tr	Tr					
β-玷玔烯 β-Copaene	0.4		0.1	0.3					
异长叶烯 Isolongifolene	Tr		Tr	Tr	Tr			Tr	
长叶烯 Longifolene	0.4	0.3	1.7	0.2	0.5			0.3	
石竹烯 Caryophyllene	0.5	0.3	0.3	Tr	0.6	0.1	0.1	0.5	0.5
α-律草烯 α-Humulene	Tr	0.2	Tr	Tr	Tr	0.1	Tr		0.1
反-β-金合欢烯 *trans*-β-Farnesene	Tr	Tr	0.2	Tr	Tr	0.1		0.1	
β-石竹烯 β-Caryophyllene				0.2					
β-愈创木烯 β-Guaiene	Tr	0.2		0.1	0.4			0.2	0.3
γ-榄香烯 γ-Elemene	0.1	0.3		0.2	0.7			0.3	Tr

续表

	红 松 P. koraiensis	新疆五针松 P. sibirica	华山松 P. armandi	大别山五针松 P. dabeshanensis	海南五针松 P. fenzeliana	乔 松 P. griffithii	华南五针松 P. kwangtungensis	毛枝五针松 P. wangii	北美乔松 P. strobus
β-防风根烯 β-Bisabolene	Tr	0.2		0.6					
香树烯 Aromadendrene		0.1	0.1		0.8			0.2	Tr
β-榄香烯 β-Elemene	Tr	Tr		Tr	Tr			Tr	
雪松醇 Cedrol		Tr	Tr						
8,13-海松烯 8,13-Pimarene	Tr		Tr			0.1	Tr		Tr
异贝壳杉烯 Isokaurene	0.1	Tr	Tr	Tr	Tr		0.1		Tr
8,13-枞二烯 8,13-Abietadiene	0.1	Tr	0.1	Tr		0.1			
阿替斯-15-烯 Atis-15-ene	Tr	Tr	0.2	0.1		0.1		0.1	Tr
松柏烯 Cembrene	4.5	9.3		1.2			Tr		
海松醛 Pimaral	0.2		0.9	0.2	Tr	0.1	0.2	0.3	0.1
山达海松醛 Sandaracopimaral	1.1		3.3	0.9	1.1	0.1	0.2	1.7	0.9
8,15-异海松酸 8,15-Isopimaric acid	0.7	0.3	1.0	0.8	0.7	0.8	0.4	2.3	0.2
海松酸 Pimaric acid	0.3	0.2	0.4	0.4	Tr	0.5	0.1	0.4	2.9

续表

	红　松 P. koraiensis	新疆五针松 P. sibirica	华山松 P. armandi	大别山五针松 P. dabeshanensis	海南五针松 P. fenzeliana	乔　松 P. griffithii	华南五针松 P. kwangtungensis	毛枝五针松 P. wangii	北美乔松 P. strobus
湿地松酸 Communic acid	2.0	0.9	2.6	0.4	0.5	3.0	0.3	0.3	5.0
山达海松酸 Sandaracopimaric acid	0.7	0.7	1.3	0.8	0.9	0.7	0.9	0.9	1.0
海松醇 Pimarol			0.1						Tr
异海松酸 Isopimaric acid	15.5	16.3	14.0	14.7	11.5	11.2	12.0	12.1	11.0
长叶松酸 Palustric acid 左旋海松酸 Levopimaric acid	7.1	5.9	7.7	9.2	8.1	9.2	4.8	8.6	5.0
糖松酸 Lambertianic acid	12.8	15.3	12.1	10.9	9.7	11.0	25.0	19.0	22.0
去氢枞酸 Dehydroabietic acid	0.5	0.9	0.7	0.9	1.5	0.4	3.7	2.8	0.9
8,12-枞二烯酸 8,12-Abietadienoic acid	0.1		0.5	0.3		0.1			0.5
枞酸 Abietic acid	16.9	17.7	20.1	20.5	23.3	17.0	20.4	19.0	18.9
6,8,11,13-枞四烯酸 6,8,11,13-Abietatetraenoic acid			0.4	0.3	0.1		0.4		0.1
新枞酸 Neoabietic acid	5.3	4.1	4.1	6.0	7.4	4.6	10.9	7.4	6.8

续表

	红　松 *P. koraiensis*	新疆五针松 *P. sibirica*	华山松 *P. armandi*	大别山五针松 *P. dabeshanensis*	海南五针松 *P. fenzeliana*	乔　松 *P. griffithii*	华南五针松 *P. kwangtungensis*	毛枝五针松 *P. wangii*	北美乔松 *P. strobus*
7,13,15－枞三烯酸 7,13,15-Abietatrienoic acid	0.1	0.3	0.2	0.4	0.8	0.3	0.6	1.1	0.4
7α-羟基去氢枞酸 7α-Hydroxydehydroabietic acid		0.1	0.1	0.1		Tr	0.1	0.2	
单萜类组分 Number of monoterpenes	11	8	9	9	8	10	6	7	9
单萜类含量 Contents of monoterpenes	29.8	25.9	26.9	29.4	30.9	40.0	18.9	21.9	22.5
倍半萜类组分 Number of sesquiterpenes	11	10	9	12	9	3	2	8	5
倍半萜类含量 Contents of sesquiterpenes	1.6	1.6	2.4	1.6	3.0	0.3	0.1	1.6	0.9
双萜类组分 Number of diterpenes	20	17	22	21	16	19	19	16	20
双萜类含量 Contents of diterpenes	68.0	72.0	69.8	68.1	65.6	59.3	80.1	76.2	75.7
海松酸/异海松酸型树脂酸含量 Contents of pimaric acid/isopimaric acid type resin acids	17.2	17.5	16.7	16.7	13.1	13.2	13.4	15.7	15.1
枞酸型树脂酸含量 Contents of abietic acid type resin acids	29.3	27.7	31.9	35.7	38.8	30.8	36.1	35.0	30.7
总组分数 Components number	42	35	40	42	33	32	27	31	34

4.2 中国油松亚属松脂的化学特征

由表4.2可以看出，从中国油松亚属松树松脂中共检出54个不同组分。其中单萜类14个组分，倍半萜类14个组分和双萜类26个组分。

按《中国树木志》(1983)的分类法(附录2)和Critchfield和Little(1966)的分类法(附录3)，本节所收集的15个树种除西藏长叶松属长叶松组外，其他14个树种均属油松组。它们的单萜类含量较高，检出组分6～10个。除大明松松脂仅含22.0%外，其他树种松脂中单萜类含量在31.1%～44.6%之间，其中思茅松、樟子松、油松和云南松松脂含量超过40.0%。大多数树种松脂中α-蒎烯含量高于26.2%。赤松、思茅松、南亚松、马尾松、武陵松、油松、黄山松和云南松等中国主要采脂树种松脂含有30%以上的α-蒎烯，唯有高山松松脂只含有4.4%α-蒎烯。各树种松脂均含有少量莰烯和α-香叶烯，在高山松、雅加松、樟子松和油松松脂中检出β-水芹烯。长白松和兴凯湖松松脂含有较多的β-蒎烯，分别为4.3%和5.5%。赤松、马尾松、武陵松、黄山松、大明松和云南松松脂都含有1%～2%的β-蒎烯。在油松松脂中检出2.1%的β-香叶烯，在武陵松、黄山松和大明松中也检出少量β-香叶烯。高山松和樟子松松脂含有很高数量的3-蒈烯，分别为15.0%和12.1%。南亚松也含有少量3-蒈烯(0.6%)。高山松、雅加松、长白松和兴凯湖松松脂含有很高数量的苧烯，分别为9.7%、6.5%、7.3%和11.0%；赤松、武陵松、樟子松和云南松含有1.0%～2.1%苧烯；其他树种含量低于1%。高山松、樟子松等树种含有少量γ-萜品烯。几乎所有树种松脂均含有α-萜品烯，其中高山松和樟子松含量较高，分别为1.9%和1.4%。高山松、雅加松、樟子松、油松和云南松含有少量α-萜品醇。在油松松脂中还检出少量的对烯丙基茴香醚。

倍半萜类含量在0.3%～16.6%之间，检出组分在2～13个。其中马尾松、雅加松、黄山松和大明松松脂含量最大，分别为13.7%、14.8%、16.6%和9.1%。在高山松、赤松、思茅松、长白松、油松和兴凯湖松松脂中，倍半萜类含量在 1.2%～5.9%之间，其他树种含量在 1.0%以下。大多数树种松脂含有少量或痕量的 α-柏木烯、β-古巴烯、异长叶烯、α-律草烯、反-β-金合欢烯、β-石竹烯、β-愈创木烯、γ-榄香烯、β-防风根烯、香树烯、β-榄香烯和雪松醇。马尾松、雅加松、黄山松和大明松松脂均含有很高数量的长叶烯，分别为 9.5%、10.8%、12.4%和 7.0%。高山松、赤松、思茅松、长白松和兴凯湖松松脂也含有较多的长叶烯，为 1.1%～4.9%。在马尾松、雅加松和黄山松松脂中，还含有 1.2%～1.7%石竹烯。南亚松松脂只检出两个倍半萜类组分，含量仅 0.3%，是中国油松组松脂中倍半萜类含量最低、组分最少的树种。

双萜类含量在 46.8%～68.2%之间。以黄山松松脂最低，大明松松脂最高。检出组分 17～24 个，以油松最多。各树种松脂分别含有少量或痕量的 8,13-海松烯、异贝壳杉烯、8,13-枞二烯、阿替斯-15-烯、海松醛、山达海松醛和海松醇。油松松脂含有较多的海松醛，约 2.0%，长白松含有较多的山达海松醛，约 2.0%。武陵松、长白松和兴凯湖松松脂含有较多的松柏烯，分别为 7.5%、2.4%和 2.1%。高山松和云南松松脂中检出异海松醛。唯有南亚松松脂中只含有一个双萜类中性物——异贝壳杉烯 0.1%。油松组松脂均含有 8,15-异海松酸、海松酸、湿地松酸、山达海松酸、异海松酸、长叶松酸、左旋海松酸、去氢枞酸、枞酸和新枞酸。还分别含有 8,13(15)-枞二烯酸、8,12-枞二烯酸、6,8,11,13-枞四烯酸、7,13,15-枞三烯酸和 7α-羟基去氢枞酸。其中异海松酸含量均低于 10%，长叶松酸和左旋海松酸含量均超过 15%，枞酸含量低于 15%。南亚松松脂又是一个例外。它的湿地松酸含量很低，仅 0.1%，而异海松酸含量却是油松组最高的，达 10.9%。同时，它还含有一种特殊的二元酸——南亚松酸，含量高达 8.2%。此外，武陵松、油松和黄山松松脂还含有少量糖松酸。

属于长叶松组的西藏长叶松松脂的化学组成与油松组有一定区别。倍半萜类化合物仅痕量是它的一个特征。在双萜类化合物中，海松酸/异海松酸型树脂酸含量高达 16.7%，是该树种松脂的又一特征。另外，它的去氢枞酸含量很高，达 12.6%。而单萜类含量偏低，仅 15.1%，其中 α-蒎烯仅 11.2%。这虽是个特征，但是由于所得松脂样品呈硬块状，松脂中低沸点的单萜类化合物部分挥发，也会造成单萜类含量偏低。

综上所述，我国油松亚属松脂具有以下特点：

(1)单萜类化合物含量较高,15 个树种平均值为 35.3%,其中 87%树种含量超过 31%;倍半萜类含量也较高,平均值为 5.3%;而双萜类化合物含量偏低,平均值为 58.8%,其中 87%树种含量低于 65%。

(2)在双萜类化合物中,异海松酸和枞酸含量较低,分别小于 10%和 15%,而长叶松酸和左旋海松酸含量高于 15%。

(3)大多数树种松脂未检出糖松酸。南亚松含有 8.2%南亚松酸。

(4)在大多数树种松脂中海松酸/异海松酸型树脂酸含量均低于 13%;而枞酸型树脂酸含量则高于 40%。

表4.2　中国油松亚属松脂的化学组成(%)

Table 4.2　Chemical compositions of oleoresins of Subgen. *Pinus* in China

	高山松 *P. densata*	赤松 *P. densiflora*	思茅松 *P. langbianensis*	南亚松 *P. latteri*	马尾松 *P. massoniana*	雅加松 *P. hainanensis*	樟子松 *P. mongolica*	长白松 *P. sylvestriformis*	油松 *P. tabulaeformis*	黄山松 *P. taiwanensis*	大明松 *P. damingshanensis*	兴凯湖松 *P. takahasii*	武陵松 *P. wulinensis*	云南松 *P. yunnanensis*	西藏长叶松 *P. roxbourghii*
α-蒎烯 α-Pinene	4.4	31.5	38.8	37.4	31.7	28.6	26.2	18.0	39.4	33.3	18.1	14.6	35.8	38.3	11.2
莰烯 Camphene	0.1	0.6	0.4	0.3	0.5	0.3	0.2	0.2	0.4	0.6	0.3	0.2	0.4	0.5	0.1
β-水芹烯 β-Phellandrene	0.5					Tr	0.8		0.1						
β-蒎烯 β-Pinene	0.6	1.8	0.4	0.3	1.2	0.7	0.4	4.3	0.7	1.1	2.1	5.5	1.7	2.0	3.5
α-香叶烯 α-Myrcene	0.9	0.4	0.4	0.2	0.4	0.6	0.7	0.9	0.4	0.5	0.1	1.0	0.4	0.5	
β-香叶烯 β-Myrcene									2.1	0.2	0.7	Tr	0.4		
3-蒈烯 3-Carene	15.0			0.6	Tr	Tr	12.1								
苧烯 Limonene	9.7	1.0	0.5	0.2	0.5	6.5	2.1	7.3	0.7	0.7	0.6	11.0	1.0	1.7	0.1
γ-萜品烯 γ-Terpinene	0.2	Tr					0.1					Tr	Tr		
α-萜品烯 α-Terpinene	1.9		0.1	0.1	Tr	0.3	1.4	0.4	0.6	Tr	0.1	0.4	Tr	0.1	

续表

	高山松 P. densata	赤松 P. densiflora	思茅松 P. langbianensis	南亚松 P. latteri	马尾松 P. massoniana	雅加松 P. hainanensis	樟子松 P. mongolica	长白松 P. sylvestriformis	油松 P. tabulaeformis	黄山松 P. taiwanensis	大明松 P. damingshanensis	兴凯湖松 P. takahasii	武陵松 P. wulinensis	云南松 P. yunnanensis	西藏长叶松 P. roxbourghii
1-莰醇 1-Borneol															0.1
对烯丙基茴香醚 p-Allylanisole									0.1				Tr		Tr
α-萜品醇 α-Terpineol	0.4					0.1	0.1		0.1					0.4	Tr
十三烷 Tridecane															0.1
α-柏木烯 α-Cedrene	0.1	0.2	0.6		0.6	0.6	0.3	0.2	0.2	0.5	0.3	0.2	Tr		
β-玷玶烯 β-Copaene	Tr	0.3	0.1		0.7	0.6		0.2	0.1	0.8	0.4	0.1	0.1	Tr	
异长叶烯 Isolongifolene	Tr	0.1	0.1	Tr	0.3	0.3		Tr		0.4	0.1	0.1	0.1	Tr	
长叶烯 Longifolene	1.1	4.9	2.1		9.5	10.8	0.2	3.0	0.7	12.4	7.0	3.7		0.2	Tr
石竹烯 Caryophyllene	0.8	0.1	Tr		1.4	1.2		0.2	Tr	1.7	0.8	0.2		0.2	
α-律草烯 α-Humulene					0.3	0.2		Tr	Tr	Tr	0.2	Tr			
反-β-金合欢烯 trans-β-Farnesene	0.2	0.1	0.1	0.3	0.5	0.4		0.1	0.2	0.5	0.2	0.2		0.1	

续表

	高山松 P. densata	赤松 P. densiflora	思茅松 P. langbianensis	南亚松 P. latteri	马尾松 P. massoniana	雅加松 P. hainanensis	樟子松 P. mongolica	长白松 P. sylvestriformis	油松 P. tabulaeformis	黄山松 P. taiwanensis	大明松 P. damingshanensis	兴凯湖松 P. takahasii	武陵松 P. wulinensis	云南松 P. yunnanensis	西藏长叶松 P. roxburghii
β-石竹烯 β-Caryophyllene			Tr		Tr	Tr		Tr		Tr		Tr			
β-愈创木烯 β-Guaiene			0.1		0.1	Tr	0.3	1.0		Tr	0.1	0.7		Tr	
γ-榄香烯 γ-Elemene			Tr		Tr	0.1	0.1	0.6		Tr		0.3	0.2		
β-防风根烯 β-Bisabolene		0.1			Tr							Tr			
香树烯 Aromadendrene					0.1			0.1				Tr		Tr	
β-榄香烯 β-Elemene			Tr			0.4		Tr		Tr		Tr		Tr	Tr
雪松醇 Cedrol		0.1	0.1		0.2	0.2		Tr		0.3			Tr		Tr
8,13-海松烯 8,13-Pimarene	0.1		Tr		Tr	Tr		Tr	0.1	Tr	Tr	Tr		Tr	
异贝壳杉烯 Isokaurene	0.1			0.1	Tr	Tr		0.1	0.1		Tr	0.1	Tr		
8,13-枞二烯 8,13-Abietadiene	Tr	Tr	Tr		Tr	Tr		0.1	0.2	Tr		Tr	Tr	Tr	Tr
阿替斯-15-烯 Atis-15-ene	0.1	Tr	Tr					Tr	0.1					Tr	

续表

	高山松 P. densata	赤松 P. densiflora	思茅松 P. langbianensis	南亚松 P. latteri	马尾松 P. massoniana	雅加松 P. hainanensis	樟子松 P. mongolica	长白松 P. sylvestriformis	油松 P. tabulaeformis	黄山松 P. taiwanensis	大明松 P. damingshanensis	兴凯湖松 P. takahasii	武陵松 P. wulinensis	云南松 P. yunnanensis	西藏长叶松 P. roxbourghii
松柏烯 Cembrene								2.4	0.1			2.1	7.5		0.9
海松醛 Pimaral	1.1						Tr	0.1	2.0		Tr	Tr	0.2	Tr	
山达海松醛 Sandaracopimaral	0.7	0.9	0.5		0.4	0.5	0.6	2.0	1.6	0.5	0.2	1.2	0.7	0.6	Tr
8,15-异海松酸 8,15-Isopimaric acid	3.5	Tr	0.1	0.1	Tr	Tr	Tr	0.1	0.7	0.1	0.1	Tr	0.1	0.1	0.5
异海松醛 Isopimaric acid	1.0													Tr	
海松酸 Pimaric acid	0.9	0.5	0.2	0.3	0.1	0.4	0.4	1.0	0.9	0.1	Tr	0.2	0.1	0.7	0.5
湿地松酸 Communic acid	2.1	2.9	4.1	0.1	4.1	3.5	3.5	4.8	2.3	3.0	3.9	5.1	3.7	2.9	3.2
山达海松酸 Sandaracopimaric acid	1.5	1.8	1.2	3.7	1.3	1.2	1.3	1.9	1.2	0.9	1.5	1.5	1.3	1.4	6.7
海松醇 Pimarol	0.1	Tr			Tr	Tr	0.1	0.1	0.2			0.2		Tr	0.4
异海松酸 Isopimaric acid	1.2	0.6	1.1	10.9	0.2	4.7	1.2	1.1	1.7	0.7	0.2	0.9	0.2	1.4	9.0
长叶松酸 Palustric acid 左旋海松酸 Levopimaric acid	28.0	31.4	28.5	24.3	21.5	23.3	30.8	32.6	19.9	28.2	41.6	28.6	27.8	30.9	30.1

续表

	高山松 *P. densata*	赤松 *P. densiflora*	思茅松 *P. langbianensis*	南亚松 *P. latteri*	马尾松 *P. massoniana*	雅加松 *P. hainanensis*	樟子松 *P. mongolica*	长白松 *P. sylvestriformis*	油松 *P. tabulaeformis*	黄山松 *P. taiwanensis*	大明松 *P. damingshanensis*	兴凯湖松 *P. takahasii*	武陵松 *P. wulinensis*	云南松 *P. yunnanensis*	西藏长叶松 *P. roxbourghii*
糖松酸 Lambertianic acid									0.9	0.4			0.2		0.9
去氢枞酸 Dehydroabietic acid	2.9	5.7	2.7	1.2	1.7	2.3	2.5	3.0	2.8	4.2	3.3	2.4	2.8	2.6	12.6
8,13(15)-枞二烯酸 8,13(15)-Abietadienoic acid				0.1	0.3				0.2	0.1	0.1		0.2		0.7
8,12-枞二烯酸 8,12-Abietadienoic acid	0.2	0.2		0.1	Tr	0.2	0.2	0.2	0.4	0.2	0.3	0.2	0.2	Tr	
枞酸 Abietic acid	8.9	6.0	8.2	8.2	10.9	4.9	5.5	5.4	9.4	3.3	6.4	6.9	7.3	5.5	10.9
6,8,11,13-枞四烯酸 6,8,11,13-Abietatetraene acid	0.1	0.2	0.3	0.1	Tr	Tr	0.3	0.2	0.2	0.2	0.4	0.2	0.1	0.3	0.2
新枞酸 Neoabietic acid	9.3	6.9	8.5	2.7	9.9	5.4	7.4	7.2	7.2	4.1	9.9	11.0	5.9	8.7	5.2
南亚松酸 Mercusic acid				8.2											
7,13,15-枞三烯酸 7,13,15-Abietatrienoic acid	0.7	1.1	0.7	Tr	0.7	0.4	0.9	0.8	0.4	0.6	0.8	0.9	0.6	0.6	1.8
7α-羟基去氢枞酸 7α-Hydroxydehydroabietic acid	0.4	0.4	0.1	Tr	0.2	0.1	0.1	0.2	0.1	0.2	0.1	0.1	0.2	0.1	1.2

续表

	高山松 P. densata	赤松 P. densiflora	思茅松 P. langbianensis	南亚松 P. latteri	马尾松 P. massoniana	雅加松 P. hainanensis	樟子松 P. mongolica	长白松 P. sylvestriformis	油松 P. tabulaeformis	黄山松 P. taiwanensis	大明松 P. damingshanensis	兴凯湖松 P. takahasii	武陵松 P. wulinensis	云南松 P. yunnanensis	西藏长叶松 P. roxbourghii
单萜类组分 Number of monoterpenes	10	6	6	7	7	9	10	6	10	7	7	8	9	7	8
单萜类含量 Contents of monoterpenes	33.7	35.3	40.6	39.1	34.3	37.1	44.1	31.1	44.6	36.4	22.0	32.7	39.7	43.5	15.1
倍半萜类组分 Number of sesquiterpenes	6	8	11	2	13	12	4	13	6	12	8	13	5	8	3
倍半萜类含量 Contents of sesquiterpenes	2.2	5.9	3.2	0.3	13.7	14.8	0.9	5.4	1.2	16.6	9.1	5.5	0.4	0.5	Tr
双萜类组分 Number of diterpenes	22	18	17	17	20	19	17	22	24	19	19	21	21	21	19
双萜类含量 Contents of diterpenes	62.9	58.6	56.2	60.1	51.3	46.9	54.8	63.3	52.7	46.8	68.8	61.6	59.1	55.8	84.8
海松酸/异海松酸型树脂酸含量 Contents of pimaric acid/isopimaric acid type resin acids	7.1	2.9	2.6	15.0	1.6	6.3	2.9	4.1	4.5	1.8	1.8	2.6	1.7	3.6	16.7
枞酸型树脂酸含量 Contents of abietic acid type resin acids	46.2	44.3	45.2	35.2	42.3	33.6	43.7	45.2	36.5	35.6	57.9	46.5	41.0	45.1	46.2
总组分数 Components number	38	32	34	26	40	40	31	41	40	38	34	42	35	35	30

4.3　国外油松亚属松脂的化学特征

按 Critchfield 和 Little(1966)的分类方法(附录 3),表 4.3 列出 21 个松树树种松脂分属赤松亚组 4 个树种、西黄松亚组 2 个树种、黑松亚组 8 个树种、山地松亚组 3 个树种和卵果松亚组 4 个树种。黑松亚组和山地松亚组松脂中检出组分较少,不超过 30 个。

这些树种的单萜类化合物含量较高,在 19.7%～50.4%之间,含量高于 31%的树种占 70%以上。其中山地松亚组平均含量最高,约 45.7%,而赤松亚组和卵果松亚组平均含量较低,约 30.5%和 31.0%。检出组分 6～12 个。在琉球松、黑松、粉枝五针松、火炬松和北美短叶松松脂中 α-蒎烯含量高于 30%,其中北美短叶松高达 44.1%。而萌芽松、刚松、格雷奇松和展松松脂仅含有 10%以下的 α-蒎烯。赤松亚组 β-蒎烯含量低,而黑松亚属和山地松亚组松脂中 β-蒎烯含量较高,如湿地松 12.6%、光松 19.8%、刚松 20.5%、沙松 36.0%、矮松 16.0%。另外,辐射松松脂也含有高达 31.5%的 β-蒎烯。欧洲赤松和萌芽松松脂含有较多的 3-蒈烯,分别为 6.2%和 8.6%;晚松、格雷奇松和展松松脂含有高于 19.0%苧烯,以展松最高,达 24.8%。此外,卵果松亚组还检出少量 β-水芹烯。

倍半萜类化合物检出组分 0～11 个。赤松亚组、西黄松亚组和卵果松亚组与中国油松组松脂相似,倍半萜类含量较多。但是,黑松亚组和山地松亚组只检出少数痕量组分。琉球松、黑松、粗糙枝松、卵果松和展松松脂均含有较高数量的长叶烯,约 2.5%～6.4%。

双萜类化合物含量在 49.0%～79.5%之间,检出组分 16～22 个。其中以赤松亚组和卵果松亚组平均含量最高,超过 65%;而山地松亚组较低,仅 53.5%。在各树种松脂中,异海松酸含量小于 10.0%,唯有湿地松松脂含量较高,约 11.4%。长叶松酸和左旋海松酸含量均高于 20.0%。枞酸含量均低于 15%。唯有地中海白松例外。这是由于采集松脂时,喷涂硫酸软膏刺激剂,可能引起松脂中枞酸型树脂酸发生异构,造成枞酸含量偏高。所分析的21个树种的松脂中，均未发现糖松酸。

国外油松亚属松脂具有与国内油松亚属相似的特点：

(1) 单萜类化合物含量较高，21个树种平均值为36.0%，其中71%树种含量超过31%；双萜类偏低，平均值为62.0%，其中67%树种含量低于65%。

(2) 在双萜类化合物中，异海松酸含量较低，低于10%。只有湿地松松脂例外，达11.4%；枞酸含量也较低，低于15%；而长叶松酸和左旋海松酸含量很高，高于20%。

(3) 大多数树种松脂未检出糖松酸。

(4) 在大多数树种松脂中，海松酸/异海松酸型树脂酸含量均低于13%；枞酸型树脂酸含量则高于40%。

综上所述，可以看出白松亚属和油松亚属松脂的主要区别，如表4.4所示。

表4.3 国外油松亚属松脂的化学组成(%)(Ⅰ)

Table 4.3 Chemical compositions of oleoresins of Subgen. *Pinus* abroad(Ⅰ)

	赤松亚组 Subsect. *Sylvestres*				西黄松亚组 Subsect. *Contortae*	
	地中海白松 *P. halepensis*	琉球松 *P. luchuensis*	欧洲赤松 *P. sylvestris*	黑 松 *P. thunbergii*	粗糙枝松 *P. montezumae*	粉枝五针松 *P. pseudostrobus*
α-蒎烯 α-Pinene	20.5	32.9	17.8	32.1	14.7	36.2
莰烯 Camphene	0.2	0.5	0.6	0.5	0.1	0.5
β-水芹烯 β-Phellandrene						0.1
β-蒎烯 β-Pinene	0.2	2.4	0.6	1.9	8.4	1.2
α-香叶烯 α-Myrcene	0.5	0.4	0.5	0.4	0.8	0.1
β-香叶烯 β-Myrcene	0.2		Tr		0.2	2.3
3-蒈烯 3-Carene			6.2			
苧烯 Limonene	0.1	1.4	1.6	1.2	8.8	0.4
γ-萜品烯 γ-Terpinene			0.1			
α-萜品烯 α-Terpinene		Tr	0.8	0.1		Tr
1-莰醇 1-Borneol	0.2		Tr	Tr		0.5

续表

	赤松亚组 Subsect. *Sylvestres*				西黄松亚组 Subsect. *Contortae*	
	地中海白松 *P. halepensis*	琉球松 *P. luchuensis*	欧洲赤松 *P. sylvestris*	黑　松 *P. thunbergii*	粗糙枝松 *P. montezumae*	粉枝五针松 *P. pseudostrobus*
对烯丙基茴香醚 *p*-Allylanisole	Tr		0.1			
α-萜品醇 α-Terpineol			0.1	Tr		
α-柏木烯 α-Cedrene		0.1	0.1	0.2	0.4	
β-玷玴烯 β-Copaene	Tr	0.1	Tr	0.3	0.4	
异长叶烯 Isolongifolene	Tr	Tr		0.2	0.2	
长叶烯 Longifolene	0.1	2.5	0.1	6.4	4.2	Tr
石竹烯 Caryophyllene	0.5	0.3		0.1	0.1	0.1
α-律草烯 α-Humulene	0.2			0.2		Tr
反-β-金合欢烯 trans-β-Farnesene		0.1			Tr	
β-愈创木烯 β-Guaiene	Tr		0.1	0.1	Tr	Tr
γ-榄香烯 γ-Elemene	0.1		0.1	Tr	0.1	Tr
β-防风根烯 β-Bisabolene				0.1		

续表

	赤松亚组 Subsect. *Sylvestres*				西黄松亚组 Subsect. *Contortae*	
	地中海白松 *P. halepensis*	琉球松 *P. luchuensis*	欧洲赤松 *P. sylvestris*	黑松 *P. thunbergii*	粗糙枝松 *P. montezumae*	粉枝五针松 *P. pseudostrobus*
香树烯 Aromadendrene	Tr		Tr			
β-榄香烯 β-Elemene	Tr	Tr				
雪松醇 Cedrol		Tr		0.1	0.1	
8,13-海松烯 8,13-Pimarene	0.1	Tr	Tr	Tr		Tr
异贝壳杉烯 Isokaurene		Tr	Tr			
8,13-枞二烯 8,13-Abietadiene	0.1	Tr	Tr	Tr	Tr	0.1
阿替斯-15-烯 Atis-15-ene	Tr	Tr	Tr	Tr	Tr	Tr
松柏烯 Cembrene					1.0	Tr
海松醛 Pimaral	0.1	Tr		Tr	0.1	0.1
山达海松醛 Sandaracopimaral	0.5	0.6	1.1	0.7	0.3	0.1
8,15-异海松酸 8,15-Isopimaric acid	2.0	0.1	0.1		0.4	0.3
海松酸 Pimaric acid	0.1	0.3	0.3	0.3	0.3	0.2
湿地松酸 Communic acid	0.1	3.6	4.2	2.9	5.9	4.3

续表

<table>
<tr><td rowspan="2"></td><td colspan="4">赤松亚组
Subsect. *Sylvestres*</td><td colspan="2">西黄松亚组
Subsect. *Contortae*</td></tr>
<tr><td>地中海白松
P. halepensis</td><td>琉球松
P. luchuensis</td><td>欧洲赤松
P. sylvestris</td><td>黑　松
P. thunbergii</td><td>粗糙枝松
P. montezumae</td><td>粉枝五针松
P. pseudostrobus</td></tr>
<tr><td>山达海松酸
Sandaracopimaric acid</td><td>2. 1</td><td>1. 1</td><td>1. 6</td><td>1. 6</td><td>0. 9</td><td>0. 8</td></tr>
<tr><td>海松醇
Pimarol</td><td></td><td></td><td></td><td></td><td>0. 5</td><td>0. 3</td></tr>
<tr><td>异海松酸
Isopimaric acid</td><td>4. 5</td><td>1. 0</td><td>0. 6</td><td>0. 3</td><td>10. 0</td><td>4. 8</td></tr>
<tr><td>长叶松酸
Palustric acid</td><td rowspan="2">27. 7</td><td rowspan="2">33. 9</td><td rowspan="2">40. 8</td><td rowspan="2">29. 8</td><td>8. 2</td><td>15. 8</td></tr>
<tr><td>左旋海松酸
Levopimaric acid</td><td>13. 5</td><td>14. 4</td></tr>
<tr><td>去氢枞酸
Dehydroabietic acid</td><td>3. 5</td><td>4. 4</td><td>3. 8</td><td>5. 4</td><td>8. 6</td><td>2. 6</td></tr>
<tr><td>8,13(15)-枞二烯酸
8,13(15)-Abietadienoic acid</td><td>0. 2</td><td>0. 2</td><td></td><td></td><td>0. 2</td><td>0. 3</td></tr>
<tr><td>8,12-枞二烯酸
8,12-Abietadienoic acid</td><td></td><td>0. 3</td><td>Tr</td><td>Tr</td><td>0. 2</td><td>0. 2</td></tr>
<tr><td>枞酸
Abietic acid</td><td>26. 3</td><td>5. 5</td><td>10. 6</td><td>5. 2</td><td>6. 2</td><td>9. 4</td></tr>
<tr><td>6,8,11,13-枞四烯酸
6,8,11,13-Abietatetraenoic acid</td><td></td><td>0. 2</td><td>Tr</td><td></td><td>0. 3</td><td>0. 6</td></tr>
<tr><td>新枞酸
Neoabietic acid</td><td>7. 8</td><td>6. 1</td><td>7. 4</td><td>6. 5</td><td>2. 4</td><td>3. 5</td></tr>
<tr><td>7,13,15-枞三烯酸
7,13,15-Abietatrienoic acid</td><td>1. 3</td><td>0. 7</td><td>0. 8</td><td>1. 0</td><td>1. 5</td><td>0. 1</td></tr>
</table>

续表

	赤松亚组 Subsect. *Sylvestres*				西黄松亚组 Subsect. *Contortae*	
	地中海白松 *P. halepensis*	琉球松 *P. luchuensis*	欧洲赤松 *P. sylvestris*	黑　松 *P. thunbergii*	粗糙枝松 *P. montezumae*	粉枝五针松 *P. pseudostrobus*
7α-羟基去氢枞酸 7α-Hydroxydehydroabietic acid	0.1	0.3	Tr	0.7	0.6	0.1
单萜类组分 Number of monoterpenes	8	6	12	8	6	9
单萜类含量 Contents of monoterpenes	21.9	37.6	28.4	36.2	33.0	41.3
倍半萜类组分 Number of sesquiterpenes	9	8	6	10	9	5
倍半萜类含量 Contents of sesquiterpenes	0.9	3.1	0.4	7.7	5.5	0.1
双萜类组分 Number of diterpenes	18	21	19	17	21	22
双萜类含量 Contents of diterpenes	76.5	58.3	71.3	54.4	61.1	58.0
海松酸/异海松酸型树脂酸含量 Contents of pimaric acid/isopimaric acid type resin acids	8.7	2.5	2.6	2.2	11.6	6.1
枞酸型树脂酸含量 Contents of abietic acid type resin acids	61.8	45.5	58.8	41.5	30.3	43.1
总组分数 Components number	35	35	37	35	36	36

表 4.3 国外油松亚属松脂的化学组成(%)(Ⅱ)

Table 4.3 Chemical compositions of oleoresins of Subgen. *Pinus* abroad(Ⅱ)

	黑松亚组 Subsect. *Australes*							
	加勒比松 *P. caribaea*	萌芽松 *P. echinata*	湿地松 *P. elliottii*	光　松 *P. glabra*	长叶松 *P. palustris*	刚　松 *P. rigida*	晚　松 *P. serotina*	火炬松 *P. taeda*
α-蒎烯 α-Pinene	29.2	9.9	15.5	18.2	26.1	9.9	13.8	31.9
莰烯 Camphene	0.5	0.1	0.3	0.6	0.3	0.2	0.3	0.5
β-蒎烯 β-Pinene	1.7	8.0	12.6	19.8	10.4	20.5	0.5	9.5
α-香叶烯 α-Myrcene	0.7	0.5	0.4	1.2	0.4	0.5	0.8	0.7
β-香叶烯 β-Myrcene					0.4	Tr		
3-蒈烯 3-Carene	0.1	8.6	Tr			0.1	0.3	
苧烯 Limonene	6.4	0.5	3.3	3.3	1.3	5.1	19.9	0.5
γ-萜品烯 γ-Terpinene		0.1					Tr	
α-萜品烯 α-Terpinene	Tr	0.9	Tr	Tr	0.1	Tr	Tr	Tr
α-萜品醇 α-Terpineol	0.3	0.4	0.5	0.1	0.3	0.1	0.1	0.8
十三烷 Tridecane		0.1	Tr	Tr	Tr			0.1

续表

	黑松亚组 Subsect. *Australes*							
	加勒比松 *P. caribaea*	萌芽松 *P. echinata*	湿地松 *P. elliottii*	光 松 *P. glabra*	长叶松 *P. palustris*	刚 松 *P. rigida*	晚 松 *P. serotina*	火炬松 *P. taeda*
β-玷玭烯 β-Copaene								Tr
长叶烯 Longifolene			Tr					Tr
石竹烯 Caryophyllene		0.1						Tr
8,13-海松烯 8,13-Pimarene	Tr	Tr	Tr	Tr	Tr	Tr	Tr	Tr
8,13-枞二烯 8,13-Abietadiene	Tr	Tr	Tr	Tr		Tr		Tr
阿替斯-15-烯 Atis-15-ene	Tr		Tr	Tr		Tr		
海松醛 Pimaral		Tr	Tr	Tr		Tr	Tr	
山达海松醛 Sandaracopimaral	Tr	0.5	0.3	0.3	0.1	0.2	0.3	0.5
8,15-异海松酸 8,15-Isopimaric acid	Tr	0.1	0.1	0.1	0.1	0.1	0.2	Tr
海松酸 Pimaric acid	0.2	0.2	0.9	0.2	0.1	0.1	0.2	0.3
湿地松酸 Communic acid	1.8	3.4	2.9	2.0	2.2	2.8	3.3	3.2
山达海松酸 Sandaracopimaric acid	1.6	1.2	3.9	1.4	0.8	1.1	1.0	1.2

续表

	黑松亚组 Subsect. *Australes*							
	加勒比松 *P. caribaea*	萌芽松 *P. echinata*	湿地松 *P. elliottii*	光　松 *P. glabra*	长叶松 *P. palustris*	刚　松 *P. rigida*	晚　松 *P. serotina*	火炬松 *P. taeda*
海松醇 Pimarol				0.1	Tr	0.1	0.1	
异海松酸 Isopimaric acid	3.3	0.6	11.4	0.9	1.3	1.2	2.1	1.9
长叶松酸 Palustric acid 左旋海松酸 Levopimaric acid	25.3	41.4	26.5	32.6	32.0	27.4	32.0	28.1
去氢枞酸 Dehydroabietic acid	2.7	4.9	2.5	4.8	3.6	4.2	3.5	3.9
8,13(15)-枞二烯酸 8,13(15)-Abietadienoic acid			0.1	0.3	0.2			
8,12-枞二烯酸 8,12-Abietadienoic acid	0.4	0.2	0.5	Tr	0.7	0.3	1.5	0.1
枞酸 Abietic acid	12.6	6.8	4.8	6.0	9.2	9.7	5.5	6.4
6,8,11,13-枞四烯酸 6,8,11,13-Abietatetraenoic acid		0.1	0.1	0.1	0.4	0.1	0.3	
新枞酸 Neoabietic acid	11.5	8.9	11.6	5.6	8.2	14.0	11.6	8.3
7,13,15-枞三烯酸 7,13,15-Abietatrienoic acid	1.0	1.1	1.0	1.1	1.2	1.0	0.8	1.2
7α-羟基去氢枞酸 7α-Hydroxydehydroabietic acid	0.2	0.4	0.5	0.5	0.4	0.6	0.8	0.6

续表

	黑松亚组 Subsect. *Australes*							
	加勒比松 *P. caribaea*	萌芽松 *P. echinata*	湿地松 *P. elliottii*	光 松 *P. glabra*	长叶松 *P. palustris*	刚 松 *P. rigida*	晚 松 *P. serotina*	火炬松 *P. taeda*
单萜类组分 Number of monoterpenes	8	10	9	8	9	9	9	8
单萜类含量 Contents of monoterpenes	38.9	29.1	32.6	43.2	39.3	36.4	35.7	44.0
倍半萜类组分 Number of sesquiterpenes	0	1	1	0	0	0	0	3
倍半萜类含量 Contents of sesquiterpenes	0	0.1	0	0	0	0	0	0
双萜类组分 Number of diterpenes	17	18	20	21	18	20	18	16
双萜类含量(%) Contents of diterpenes	60.6	69.8	67.1	56.0	60.5	62.9	63.2	55.7
海松酸/异海松酸型树脂酸含量 Contents of pimaric acid/isopimaric acid type resin acids	5.1	2.1	16.3	2.6	2.3	2.5	3.5	3.4
枞酸型树脂酸含量 Contents of abietic acid type resin acids	49.4	57.1	42.9	44.2	49.4	51.1	49.1	42.8
总组分数 Components number	25	29	30	29	27	29	27	24

表 4.3 国外油松亚属松脂的化学组成(%)(Ⅲ)

Table 4.3 Chemical compositions of oleoresins of Subgen. *Pinus* abroad (Ⅲ)

	山地松亚组 Subsect. *Contortae*			卵果松亚组 Subsect. *Oocarpae*			
	北美短叶松 *P. banksiana*	沙 松 *P. clausa*	矮 松 *P. virginiana*	格雷奇松 *P. greggii*	卵果松 *P. oocarpa*	展松 *P. patula*	辐射松 *P. radiata*
α-蒎烯 α-Pinene	44.1	10.7	19.8	2.0	24.7	1.4	10.5
莰烯 Camphene	0.5	0.3	0.4	0.1	0.3	0.2	0.3
β-水芹烯 β-Phellandrene				0.4	0.2	0.4	
β-蒎烯 β-Pinene	4.6	36.0	16.0	0.2	0.1	0.3	31.5
α-香叶烯 α-Myrcene	0.6	0.6	0.4	0.6	0.2	0.7	0.3
β-香叶烯 β-Myrcene			0.2	Tr		Tr	0.3
3-蒈烯 3-Carene				0.4		1.0	Tr
苧烯 Limonene	0.6	1.4	0.8	20.9	0.7	24.8	0.8
γ-萜品烯 γ-Terpinene				Tr		Tr	
α-萜品烯 α-Terpinene	Tr	Tr	Tr	Tr	Tr	0.4	Tr
α-萜品醇 α-Terpineol		0.1		Tr	0.2		

续表

	山地松亚组 Subsect. *Contortae*			卵果松亚组 Subsect. *Oocarpae*			
	北美短叶松 *P. banksiana*	沙　松 *P. clausa*	矮　松 *P. virginiana*	格雷奇松 *P. greggii*	卵果松 *P. oocarpa*	展松 *P. patula*	辐射松 *P. radiata*
十三烷 Tridecane	Tr	Tr	Tr				
α-柏木烯 α-Cedrene	Tr				0.4	0.3	Tr
β-玷玶烯 β-Copaene				Tr	Tr	0.2	Tr
异长叶烯 Isolongifolene				Tr	Tr	0.1	Tr
长叶烯 Longifolene			Tr	Tr	3.7	3.6	0.5
石竹烯 Caryophyllene	Tr		Tr	Tr		Tr	Tr
α-律草烯 α-Humulene					Tr	0.1	
反-β-金合欢烯 trans-β-Farnesene			Tr		Tr	Tr	
β-愈创木烯 β-Guaiene				2.3	Tr	Tr	
γ-榄香烯 γ-Elemene				Tr	Tr	Tr	
香树烯 Aromadendrene				Tr			
β-榄香烯 β-Elemene				Tr	Tr	Tr	

续表

	山地松亚组 Subsect. *Contortae*			卵果松亚组 Subsect. *Oocarpae*			
	北美短叶松 *P. banksiana*	沙　松 *P. clausa*	矮　松 *P. virginiana*	格雷奇松 *P. greggii*	卵果松 *P. oocarpa*	展松 *P. patula*	辐射松 *P. radiata*
雪松醇 Cedrol						Tr	
8,13-海松烯 8,13-Pimarene	Tr	Tr	Tr	Tr		Tr	Tr
异贝壳杉烯 Isokaurene		Tr			Tr		
8,13-枞二烯 8,13-Abietadiene	Tr	Tr	Tr	0.1	Tr	0.1	Tr
阿替斯-15-烯 Atis-15-ene		0.1	Tr	0.1	Tr	0.1	Tr
海松醛 Pimaral		0.1	Tr	0.1	0.1	0.1	
山达海松醛 Sandaracopimaral	0.4	0.2	0.3	0.4	1.3	1.1	0.2
8,15-异海松酸 8,15-Isopimaric acid	Tr	0.1	0.1	0.3	0.3	0.2	0.4
海松酸 Pimaric acid	0.3	0.3	0.1	0.5	1.3	1.4	Tr
湿地松酸 Communic acid	1.5	1.5	2.2	7.0	5.8	7.2	2.8
山达海松酸 Sandaracopimaric acid	0.8	1.9	1.0	1.1	2.4	1.3	1.1
海松醇 Pimarol		Tr		0.5	0.2	0.4	0.1

续表

	山地松亚组 Subsect. *Contortae*			卵果松亚组 Subsect. *Oocarpae*			
	北美短叶松 *P. banksiana*	沙 松 *P. clausa*	矮 松 *P. virginiana*	格雷奇松 *P. greggii*	卵果松 *P. oocarpa*	展松 *P. patula*	辐射松 *P. radiata*
异海松酸 Isopimaric acid	0.9	1.0	0.6	3.6	9.5	3.9	0.3
长叶松酸 Palustric acid 左旋海松酸 Levopimaric acid	31.1	26.7	30.8	34.3	27.0	36.3	9.1 23.6
糖松酸 Lambertianic acid				2.8		0.1	
去氢枞酸 Dehydroabietic acid	1.7	2.4	3.6	2.9	2.2	3.0	5.0
8,13(15)-枞二烯酸 8,13(15)-Abietadienoic acid		0.1					
8,12-枞二烯酸 8,12-Abietadienoic acid	0.5	0.3	Tr	3.0	0.7	0.6	Tr
枞酸 Abietic acid	4.9	6.8	12.0	5.2	7.8	4.6	3.1
6,8,11,13-枞四烯酸 6,8,11,13-Abietatetraenoic acid		0.1		0.1		0.1	0.2
新枞酸 Neoabietic acid	6.5	7.3	9.0	9.3	9.0	4.6	7.5
7,13,15-枞三烯酸 7,13,15-Abietatrienoic acid	0.4	0.8	1.4	0.8	0.6	0.5	1.7
7α-羟基去氢枞酸 7α-Hydroxydehydroabietic acid	Tr	0.3	0.4	0.3	0.3	0.4	0.4

续表

	山地松亚组 Subsect. *Contortae*			卵果松亚组 Subsect. *Oocarpae*			
	北美短叶松 *P. banksiana*	沙　松 *P. clausa*	矮　松 *P. virginiana*	格雷奇松 *P. greggii*	卵果松 *P. oocarpa*	展松 *P. patula*	辐射松 *P. radiata*
单萜类组分 Number of monoterpenes	7	8	8	11	8	10	8
单萜类含量 Contents of monoterpenes	50.4	49.1	37.6	24.6	26.4	29.2	43.7
倍半萜类组分 Number of sesquiterpenes	2	0	3	8	9	11	5
倍半萜类含量 Contents of sesquiterpenes	0	0	0	2.3	4.1	4.3	0.5
双萜类组分 Number of diterpenes	16	22	18	21	18	21	19
双萜类含量 Contents of diterpenes	49.0	50.0	61.5	72.4	68.5	66.0	55.5
海松酸/异海松酸型树脂酸含量 Contents of pimaric acid/isopimaric acid type resin acids	2.0	3.3	1.8	5.5	13.5	6.8	1.8
枞酸型树脂酸含量 Contents of abietic acid type resin acids	42.5	40.8	51.8	48.8	43.8	45.5	43.3
总组分数 Components number	25	30	29	40	36	42	32

表 4.4　白皮松亚属和油松亚属松脂主要区别

Table 4.4　Main distinction between oleoresins from Subgen. *Strobus* and Subgen. *Pinus*

	白松亚属 Subgen. *Strobus*	油松亚属 Subgen. *Pinus*
单萜类化合物(平均含量) Monoterpenes(average)	27.4% (其中＜31%的树种约 90%)	35.7% (其中＞31%的树种约 78%)
双萜类化合物(平均含量) Diterpenes (average)	70.5% (其中＞65%的树种约 90%)	60.7% (其中＜65%的树种约 75%)
海松酸/异海松酸型树脂酸 Pimaric acid/isopimaric acid resin type acids	＞13%	＜13%③
枞酸型树脂酸 Abietic acid type resin acids	＜40%	＞40%④
糖松酸 Lambertianic acid	＞10%①	＜1%①
异海松酸 Isopimaric acid	＞10%	＜10%②
长叶松酸/左旋海松酸 Palustric acid/ Levopimaric acid	＜10%	＞15%
枞酸 Abietic acid	＞15%	＜15%

注:①海南五针松和格雷奇松松脂中糖松酸含量分别为 9.7%和 2.8%。

The contents of lambertianic acid of oleoresins from *P. fenzeliana* and *P. greggii* are 9.7% and 2.8% respectively.

②南亚松和湿地松松脂中异海松酸含量分别 10.9%和 11.4%。

The contents of isopimaric acid of oleoresins from *P. latteri* and *P. elliottii* are 10.9% and 11.4% respectively.

③南亚松、西藏长叶松、湿地松和卵果松松脂中海松酸/异海松酸型树脂酸含量分别为 14.9%,16.2%,16.2%和 13.2%。

The contents of pimaric acid/isopimaric acid type resin acids of oleoresins from *P. latteri*, *P. roxbourghii*, *P. elliottii* and *P. oocarpa* are 14.9%,16.2%,16.2% and 13.2% respectively.

④南亚松、雅加松、黄山松和粗糙枝松松脂中枞酸型树脂酸含量分别为 35.2%,33.6%,35.6%和 30.3%。

The contents of abietic acid type resin acids of oleoresins from *P. latteri*, *P. hainanensis*, *P. taiwanensis* and *P. montezumae* are 35.2%,33.6%,35.6% and 30.3% respectively.

Chapter 4 Chemical Characteristics of Oleoresins from Subgen. *Strobus* and Subgen. *Pinus*

In this study, the contents of diterpenic resin acids from Subgen. *Strobus* and Subgen. *Pinus* oleoresins were assessed. Subgen. *Strobus* contained a large amount of lambertianic acid (9.7%～25.0%), whereas this component was not observed in Subgen. *Pinus* oleoresin. Similarly, isopimaric and abietic acid compositions were respectively over 10% and 15% in Subgen. *Strobus* and below 10% and 15% in Subgen. *Pinus*. Further, palustric acid and levopimaric acid compositions in Subgen. *Pinus* are over 15% but below 10% in Subgen. *Strobus*. Notably, the composition of two different types of resin acids may differ greatly between subgens. The content of the pimaric/isopimaric acid types are over 13% in Subgen. *Strobus* while the abietic acid type is below 40%. By comparison, the pimaric/isopimaric acid types and abietic acid types are respectively below 13% and over 40% in Subgen. *Pinus*. In addition, significant differences in monoterpenoids and diterpenoids can be seen between the oleoresins of Subgen. *Strobus* and Subgen. *Pinus*. Contents of monoterpenoids are below 31% and diterpenoids are over 65% in most oleoresins of Subgen. *Strobus*, however, oleoresins of Subgen. *Pinus* are over 31% and 65%, respectively. (Tables 4.1～4.4)

第 5 章　各树种松脂的特征组分

研究发现,各个松树树种的松脂一般均含有一两个含量明显高于其他树种的特征组分,它们主要存在于单萜类、倍半萜类及少量的双萜类中性物中。通过这些特征,与同一亚属的基本特征综合分析,可以初步判断松树的不同树种。

5.1　白松亚属松脂的特征组分

将松脂中单萜类和双萜类非酸组分含量大于 2%,α-蒎烯含量大于 30%或小于 10%,以及倍半萜类含量大于 5%或小于 1%的各组分作为特征组分列出,表 5.1 表示白松亚属各树种松脂的特征组分。红松和新疆五针松松脂都具有高含量松柏烯,分别为 4.5%和 9.3%;同时,红松含有 10.7% β-蒎烯;新疆五针松含有 7.2% 3-蒈烯。华山松和大别山五针松都含有一定量的 β-蒎烯,分别为 2.3%和 3.3%;华山松还含有较多的山达海松醛,约 3.3%;大别山五针松含有 1.2%松柏烯。海南五针松松脂含有较高数量 β-蒎烯,约 9.0%。乔松和华南五针松松脂的 α-蒎烯含量很低,分别为 6.8%和 1.0%;倍半萜类含量也在 1%以下;同时,乔松含有 12.3% β-蒎烯和19.4%苧烯;华南五针松则含有高达 16.1%的 α-香叶烯。毛枝五针松松脂没有明

表 5.1 白松亚属各树种松脂的特征组分(%)

Table 5.1 Characteristic components of oleoresins in Subgen. *strobus* (%)

	α-蒎烯 α-Pinene	β-蒎烯 β-Pinene	α-香叶烯 α-Myrcene	3-蒈烯 3-Carene	苧烯 Limonene	倍半萜类 Sesquiterpenes	松柏烯 Cembrene	山达海松醛 Sandaracopimaral
红松 *P. koraiensis*		10.7					4.5	
新疆五针松 *P. sibirica*				7.2			9.3	
华山松 *P. armandi*		2.3						3.3
大别山五针松 *P. dabeshanensis*		3.3					1.2	
海南五针松 *P. fenzeliana*		9.0						
乔松 *P. griffithii*	6.8	12.3			19.4	0.3		
华南五针松 *P. kwangtungensis*	1.0		16.1			0.1		
毛枝五针松 *P. wangii*								1.7
北美乔松 *P. strobus*	7.8				11.0	0.9		

显特征，但是它的山达海松醛含量稍高，约 1.7%。北美乔松的 α-蒎烯和倍半萜类含量很低，分别为 7.8%和 0.9%；但它的苧烯含量达 11%。

5.2　中国油松亚属松脂的特征组分

表 5.2 列出中国油松亚属各树种松脂的特征组分。高山松松脂的 α-蒎烯含量很低，仅 4.4%；但是，它的 3-蒈烯和苧烯含量很高，分别为 15.0%和 9.7%。赤松、思茅松和南亚松松脂的 α-蒎烯含量高，在 31.5%～38.8%之间；而且，赤松含有较多的长叶烯，约 4.9%；倍半萜类含量也较高，约 5.9%；思茅松也含有一定数量长叶烯，约 2.1%。南亚松的倍半萜类含量很低，仅 0.3%；但是它有含量高达 8.2%的南亚松酸，这是一种二元羧酸。马尾松和雅加松松脂的长叶烯含量很高，分别为 9.5%和 10.8%；它的倍半萜类含量也分别高达 13.7%和 14.8%；而且，马尾松含有 31.7% α-蒎烯；雅加松还含有 6.5%苧烯。在武陵松松脂中含有高达 7.5%的松柏烯；而且，α-蒎烯含量高，约 35.8%；倍半萜类含量低，约 0.4%。樟子松松脂有高含量的 3-蒈烯，约 12.1%；还有一定量苧烯，约 2.1%；而倍半萜类含量低，仅 0.9%。在长白松松脂中，苧烯含量高，约 7.3%；β-蒎烯，长叶烯，松柏烯和倍半萜类含量也较多，分别为 4.3%，3.0%，2.4%和 5.4%；另外，还有 2.0%山达海松醛。油松的 α-蒎烯含量很高，达 39.4%；还含有 2.1% β-香叶烯和 2.0% 海松醛。黄山松和大明松松脂的长叶烯含量高，分别为 12.4%和 7.0%；而且，倍半萜类含量也很高，分别为 16.6%和 9.1%；此外，黄山松含有 33.3% α-蒎烯；大明松含有 2.1% β-蒎烯。在兴凯湖松松脂中 β-蒎烯约 5.5%；苧烯含量高，约 11.0%；并含有较多的长叶烯，松柏烯和倍半萜类，分别为 3.7%，2.1%和 5.5%。云南松的 α-蒎烯含量很高，达 38.5%；还含有 2.0% β-蒎烯；而倍半萜类含量低，仅 0.5%。西藏长叶松松脂含有较高数量 β-蒎烯，约 3.5%；而倍半萜类含量仅痕量。

表 5.2 中国油松亚属各树种松脂的特征组分(%)

Table 5.2 Characteristic components of oleoresins in Subgen. *Pinus* in China (%)

	α-蒎烯 α-Pinene	β-蒎烯 β-Pinene	β-香叶烯 β-Myrcene	3-蒈烯 3-Carene	苧烯 Limonene	长叶烯 Longifolene	倍半萜类 Sesquiterpenes	松柏烯 Cembrene	海松醛 Pimaral	山达海松醛 Sandaracopimaral
高山松 *P. densata*	4.4			15.0	9.7					
赤松 *P. densiflora*	31.5					4.9	5.9			
思茅松 *P. langbianensis*	38.8					2.1				
南亚松[①] *P. latteri*	37.4						0.3			
马尾松 *P. massoniana*	31.7					9.5	13.7			
雅加松 *P. hainanensis*					6.5	10.8	14.8			
樟子松 *P. mongolica*				12.1	2.1		0.9			
长白松 *P. sylvestriformis*		4.3			7.3	3.0	5.4	2.4		2.0
油松 *P. tabulaeformis*	39.4		2.1						2.0	
黄山松 *P. taiwanensis*	33.3					12.4	16.6			
大明松 *P. damingshanensis*		2.1				7.0	9.1			
兴凯湖松 *P. takahasii*		5.5			11.0	3.7	5.5	2.1		

续表

	α-蒎烯 α-Pinene	β-蒎烯 β-Pinene	β-香叶烯 β-Myrcene	3-蒈烯 3-Carene	苧烯 Limonene	长叶烯 Longifolene	倍半萜类 Sesquiterpenes	松柏烯 Cembrene	海松醛 Pimaral	山达海松醛 Sandaracopimaral
武陵松 *P. wulinensis*	35.8						0.4	7.5		
云南松 *P. yannanensis*	38.3	2.0					0.5			
西藏长叶松 *P. roxburghii*		3.5					Tr			

注:①南亚松松脂含有特有的南亚松酸含量约 8.2%。

The content of mercusic acid from P. latteri oleoresin is about 8.2%.

5.3 国外油松亚属松脂的特征组分

表5.3列出国外油松亚属各树种松脂的特征组分。在赤松亚组地中海白松和欧洲赤松松脂的倍半萜类含量均小于1%；但是，欧洲赤松松脂含有6.2% 3-蒈烯。琉球松和黑松松脂均含有较多的 α-蒎烯，约32.1%～32.9%；长叶烯含量较多，分别为2.5%和6.4%；而且，琉球松含有较多 β-蒎烯，约2.4%；黑松的倍半萜类含量较高，约7.7%。在西黄松亚组粗糙枝松含有较高数量 β-蒎烯，约8.4%；苧烯、长叶烯和倍半萜类含量也较高，分别为8.8%、4.2%和5.5%。粉枝五针松含有36.2% α-蒎烯；倍半萜类含量很低，仅0.1%；但含有2.3% β-香叶烯。黑松亚组各树种松脂基本上均不含有倍半萜类化合物；大多数树种的 β-蒎烯含量很高，达8.0%～20.5%；萌芽松和刚松的 α-蒎烯含量低，仅9.9%，而火炬松的 α-蒎烯含量较高，约31.9%；此外，萌芽松含有8.6%3-蒈烯；晚松含有高达19.9%的苧烯；加勒比松及其变种含有高达6.4%～15.5%的苧烯；湿地松、光松和刚松也含有较多的苧烯，约3.3%～5.1%。在山地松亚组三个树种松脂中，均只含有痕量倍半萜类化合物；北美短叶松含有高达44.1% α-蒎烯；而沙松和矮松却含有高数量的 β-蒎烯，分别为36.0%和16.0%。在卵果松亚组四个树种松脂中只有辐射松的倍半萜类含量低，仅0.5%；格雷奇松和展松的 α-蒎烯含量很低，分别为2.0%和1.4%；而苧烯含量很高，为20.9%和24.8%；卵果松和展松均含有较多数量长叶烯，约3.7%和3.6%；格雷奇松含有2.3% β-愈创木烯；辐射松含有高达31.5% β-蒎烯。

表 5.3　国外油松亚属松脂的特征组分(%)

Table 5.3　Characteristic components of oleoresins in Subgen. *Pinus* abroad

	α-蒎烯 α-Pinene	β-蒎烯 β-Pinene	β-香叶烯 β-Myrcene	3-蒈烯 3-Carene	苧烯 Limonene	长叶烯 Longifolene	β-愈创木烯 β-Guaiene	倍半萜类 Sesquiterpenes
赤松亚组								
地中海白松 *P. halepensis*								0.9
琉球松 *P. luchuensis*	32.9	2.4				2.5		
欧洲赤松 *P. sytvestris*				6.2				0.4
黑松 *P. thunbergii*	32.1					6.4		7.7
西黄松亚组								
粗糙枝松 *P. montezumae*		8.4			8.8	4.2		5.5
粉枝五针松 *P. pseudostrobus*	36.2		2.3					0.1
黑松亚组								
加勒比松 *P. caribaea*					6.4			0
巴哈马加勒比松 *P. bahamensis*					15.5			0
洪都拉斯加勒比松 *P. hondurensis*					14.5			0
萌芽松 *P. echinata*	9.9	8.0		8.6				0.1
湿地松 *P. elliottii*		12.6			3.3			0

续表

	α-蒎烯 α-Pinene	β-蒎烯 β-Pinene	β-香叶烯 β-Myrcene	3-蒈烯 3-Carene	苧烯 Limonene	长叶烯 Longifolene	β-愈创木烯 β-Guaiene	倍半萜类 Sesquiterpenes
光松 *P. glabra*		19.8			3.3			0
长叶松 *P. palustris*		10.4						0
刚松 *P. rigida*	9.9	20.5			5.1			0
晚松 *P. serotina*					19.9			0
火炬松 *P. taeda*	31.9	9.5						0
山地松亚组								
北美短叶松 *P. banksiana*	44.1	4.6						0
沙松 *P. clausa*		36.0						0
矮松 *P. virginiana*		16.0						0
卵果松亚组								
格雷奇松 *P. greggii*	2.0				20.9		2.3	
卵果松 *P. oocarpa*						3.7		
展松 *P. patula*	1.4				24.8	3.6		
辐射松 *P. radiata*		31.5						0.5

Chapter 5　Characteristic Components of Oleoresins of Each Species

This study shows that each pine species always have one or two characteristic components, typically monoterpenoids, sesquiterpenoids, or diterpenoids, that have a higher content as compared to the oleoresins of other species (Tables 5.1～5.3). For example, α-pinene contents in oleoresins of *P. langbianensis*, *P. latteri*, *P. wulinensis*, *P. tabulaeformis*, *P. yunnanensis*, *P. pseudostrobus* and *P. Banksiana* species are always over 35% and β-pinene contents in oleoresins of *P. koraiensis*, *P. griffithii*, *P. elliottii*, *P. glabra*, *P. palustric*, *P. rigida*, *P. clausa*, *P. virginana* and *P. radiate* species are always over 10%. Meanwhile, the α-myrcene content in the oleoresins of *P. kwangtungensis* is as high as 16.1% and 3-careen content in the oleoresins of *P. sibirica*, *P. densata*, *P. mongolica*, *P. sylvestris* and *P. echinate* species are all over 5%. Limonene content in the oleoresins of *P. griffithii*, *P. strobus*, *P. takahasii*, *P. bahamensis*, *P. hondurensis*, *P. serotina*, *P. greggii* and *P. patula* species are all over 10%. The oleoresins of *P. sylvestris*, *P. massoniana*, *P. hainanensis*, *P. taiwanensis*, *P. damingshanensis*, *P. thunbergii* and *P. montezumae* species contain relatively high longifolene content, while cembrene can be detected in the oleoresins of *P. koraiensis*, *P. sibirica*, *P. dabeshanensis*, *P. wulinensis*, *P. sylvestriformis* and *P.*

takahasii. As a result, pine species can be determined through analysis of characteristic components and comprehensive comparisons of the basic oleoresin characteristics from species within the same subgenus.

第 6 章　白皮松亚属的建立

白皮松 *Pinus bungeana* Zucc. 是我国松属特有树种。Critchfield W B 和 Little E L(1966)(附录 3)将白皮松和西藏白皮松 *Pinus gerardiana* Wall. 组成白皮松亚组 Subsect. *Gerardianae* Loud.,归入白松亚属 Subgen. *Strobus* (Sweet) Rehd. 的白皮松组 Sect. *Parrya* Mayr 内。《中国树木志》(1983)(附录 2)也将这两种松树归入白松亚属白皮松组。但是,经过深入研究,一些学者提出不同看法。Erdtman H(1955,1959)研究松属芯材中黄酮类化合物,发现白皮松组兼有白松亚属和油松亚属的化学性质,建议将白皮松组列为第三亚属。之后有人从针叶、孢粉、染色体、木材结构及材性等方面分别提供了有力的证据。李湘萍和朱政德(1993)根据白皮松种子油中脂肪酸成分分析提出建立白皮松亚属。作者在第 4 章已经提到,白松亚属和油松亚属的松脂化学特征主要表现在双萜酸含量不同,所以通过研究白皮松松脂和白松亚属与油松亚属松脂特征,也可以为白皮松组分类位置的变更提供一个新的论据。

由表 6.1 可知,白皮松松脂与白松亚属松树松脂的双萜酸组成是不同的。二者间最大区别在于糖松酸含量不同。白松亚属松脂均含有糖松酸,约 9.7%～25.0%,而白皮松松脂中糖松酸含量仅为 0.2%。同时,在异海松酸、长叶松酸/左旋海松酸和枞酸等树脂酸含量上也有明显不同。在白松亚属松脂中,上述 3 种酸含量分别为高于 10%、低于 10%、高于 15%;而白皮松松脂中它们的含量正好相反,分别为 8.0%、22.9% 和 5.3%。这些含量与油松亚属松脂恰好相似。但是,在 8,15-异海松酸、湿地松酸和去氢枞酸含量上与油松亚属也有一定区别。另外,在双萜酸中白皮松松脂的海松酸/异海松酸型树脂酸含量与油松亚属松脂一样，低于13%，而枞酸型树脂酸含量则与白松亚属一样，低于40%。这些结果说明白皮松松脂具有不同于白松亚属和油松亚属松脂的特征。所以从松脂化学特征来看，建立白皮松亚属是合理的。

表6.1 白皮松松脂与白松亚属和油松亚属松脂的主要双萜酸组成(%)

Table 6.1 Main diterpene acid compositions of oleoresins from *P. bungeana*, Subgen. *Strobus* and Subgen. *Pinus*

	白松亚属 Subgen. *Strobus*	白皮松 *P. bungeana*	油松亚属 Subgen. *Pinus*
8,15-异海松酸 8,15-Isopimaric acid	0.2～2.3	**2.1**	**<1.0**
海松酸 Pimaric acid	Tr～2.9	0.2	Tr～1.4
湿地松酸 Communic acid	0.3～5.0	**0.1**	**>15**
山达海松酸 Sandaracopimaric acid	0.7～1.3	1.7	0.8～6.7
异海松酸 Isopimaric acid	**>10**	**8.0**	<10
长叶松酸/左旋海松酸 Palustric acid/levopimaric acids	**<10**	**22.9**	>10
糖松酸 Lambertianic acid	**>10**	**0.2**	<10
去氢枞酸 Dehydroabietic acid	0.4～3.7	**1.2**	**>1.2**
枞酸 Abietic acid	**>15**	**5.3**	<15
新枞酸 Neoabietic acid	4.1～10.9	6.7	2.4～14.0
海松酸/异海松酸型树脂酸 Pimaric acid type resin acids	**>13**	**12**	<13
枞酸型树脂酸 Abietic acid type resin acids	<40	**34.9**	**>40**

Chapter 6 Establishment of Subgen. *Parrya*

Like *Flora of China* and *Sylva Sinica*, Critchfield W B and Little E L categorized *P. bungeana* and *P. gerardiana* into Subgen. *Strobus*. However, this classification is still in dispute. Erdtman H studied the flavone compounds in the hardwood of genus pinus and found that *P. bungeana* and *P. gerardiana* had chemical characteristics of both Subgen. *Strobus* and Subgen. *Pinus*. Because of this, he suggested categorizing *P. bungeana* and *P. gerardiana* into a third Subgen. This discovery was similarly supported by successive research on the needles, pollens, chromosomes, wood structures and wood characteristics of pine trees. Further, Li Xiangping et al's analysis of fatty acids components in *P. bungenana* seed oil suggested similar classification into a third Subgen, ultimately leading to the recommended establishment of Subgen. *Parrya*.

As indicated by Table 6.1, the components of diterpenic acids from the oleoresins of *P. bungenana* differ from the oleoresins of Subgen. *Strobus* and/or Subgen. *Pinus*. The most significant difference is found in the lambertianic acid content, with its content in *P. bungenana* oleoresin being only 0.2%. In addition, the contents of isopimaric acid, palustric/levopimaric acid, and abietic acids greatly differ with the content of these resin acids being below 10%, above 10%, and below 15%, respectively. Notably, these *P. bungenana* oleoresin contents are very similar to that of Subgen. *Pinus*. Still, the 8, 15-isopimaric acid, communic acid, and dehydroabietic acid contents in *P. bungeana* are somewhat different from those of Subgen. *Pinus*. Therefore, chemical characteristics of *P. bungeana* oleoresin support the proposed establishment of a third subgen, Subgen. *Parrya*.

第 7 章　有关分类的几个问题

7.1　武陵松、长白松和晚松不是变种

《中国植物志》(1978)将长白松作为欧洲赤松(*P. sylvestris* L.)的变种[*P. sylvestris* L. var. *sylvestriformis* (Takenouchi) Cheng et C.D.Chu]。而《中国树木志》(1983)则将长白松作为独立树种[*P. sylvestriformis*(Takenouchi) T. Wang ex Cheng],但是,当提到我国松树树种数目时,又将长白松作为变种加以统计。这两部著作都将晚松看作刚松(*P. rigida* Mill)的变种[*P. rigida* Mill var. *serotina* (Michx) Loud. ex Hoopes],而且都没有提及武陵松。但是,Critchfield W B 和 Little E L(1966)将晚松作为独立树种(*P. serotina* Michx.);《湖南植物名录》(1987)将武陵松列为马尾松的变种(*P. massoniana* Lamb. var. *wulingensis* C.J.Qi et Q.Z.Ling)。

Mirov N T(1961)在研究大叶松(*P. engelmannii* Carr.)是不是西黄松(*P. ponderosa* Laws.)的一个变种时,以大叶松松节油不含有 3-蒈烯,而西黄松松节油中 3-蒈烯含量很高(25%～64%)为理由,认为大叶松不一定是西黄松的变种。基于同样理由,本文从松脂的化学特征来讨论上述树种是否是变种的问题。

7.1.1　武陵松是否是马尾松的变种

由表 7.1 可以看出,武陵松松脂与马尾松及其变种——雅加松的松脂

有较大不同：武陵松松脂的倍半萜类含量很低，仅0.4%，只检出5个组分，没有检出长叶烯和石竹烯。而马尾松与雅加松松脂的倍半萜类含量高达13.7%和14.8%，检出组分为13和12个。其中长叶烯含量分别为9.5%和10.8%，石竹烯含量也有1.4%和1.2%。同时，在双萜类组分中武陵松含有高达7.5%松柏烯，而在马尾松和雅加松松脂中没有检出。所以，从松脂化学组成的差异，武陵松不应该是马尾松的变种。

表7.1 武陵松松脂与马尾松与其变种——雅加松松脂的主要区别(%)
Table 7.1 Main distinction of compositions of oleoresins from *P. wulinensis*, *P. massoniana* and its variety-*P. hainanensis*

	武陵松 *P. wulinensis*	马尾松 *P. massoniana*	雅加松 *P. hainanensis*
长叶烯 Longifolene	未检出	9.5	10.8
石竹烯 Caryophyllene	未检出	1.4	1.2
松柏烯 Cembrene	7.5	未检出	未检出
倍半萜类含量 Contents of sesquiterpenoids	0.4	13.7	14.8
倍半萜类组分数 Number of sesquiterpenoids	5	13	12

7.1.2 长白松是否是欧洲赤松的变种

由表7.2可以看出，在欧洲赤松和它的变种——樟子松松脂中含有大量的3-蒈烯，分别为6.2%和12.1%，占它们单萜类组分的21.8%和27.4%。而在长白松松脂中，没有检出3-蒈烯。同时，长白松松脂中含有2.4%松柏烯，而欧洲赤松和樟子松却不含有松柏烯。另外，长白松含有长叶烯较多，约3.0%，倍半萜类含量也较多，约5.4%，有13个组分。而欧洲赤松和樟子松含量很低，仅0.1%～0.2%，组分也少，分别为6个和4个。这些说明长白松松脂与欧洲赤松和樟子松有较大区别，可以考虑它作为一个独立树种存在。

表7.2 长白松松脂与欧洲赤松与其变种——樟子松松脂的主要区别(%)

Table 7.2 Main distinction of compositions of oleoresins from *P. sylvestriformis*, *P. sylvestris* and its variety—*P. mongolica*

	长白松 *P. sylvestriformis*	欧洲赤松 *P. sylvestris*	樟子松 *P. mongolica*
3-蒈烯 3-Carene	未检出	6.2	12.1
长叶烯 Longifolene	3.0	0.1	0.2
松柏烯 Cembrene	2.4	未检出	未检出
倍半萜类含量 Contents of sesquiterpenoids	5.4	0.4	0.9
倍半萜类组分数 Number of sesquiterpenoids	13	6	4

7.1.3 晚松是否是刚松的变种

由表7.3可以看出晚松和刚松的松脂的单萜类化合物中,有两个较明显的区别:晚松松脂的苧烯含量高达19.9%,而β-蒎烯仅0.5%;刚松则相反,含有高达20.5%的β-蒎烯,而苧烯含量较低,约5.1%。所以从松脂特征来看,可以考虑晚松作为一个独立树种存在。

表7.3 晚松与刚松松脂的主要区别(%)

Table 7.3 Main distinction of compositions of oleoresins from *P. serotina* and *P. rigida*

	晚松 *P. serotina*	刚松 *P. rigida*
β-蒎烯 β-Pinene	0.5	20.5
苧烯 Limonene	19.9	5.1

7.2 具有高β-蒎烯松脂的云南松

罗嘉梁等(1985)曾对云南思茅地区云南松松节油进行调查研究,发现某些地区云南松松节油中β-蒎烯含量很高。为此,作者与思茅地区林科所李炽等协作,在云南省双江、广南、文山、腾冲、永仁、丽江和四川省甘洛等七个不同纬度的云南松林区随机采集松脂(图 7.1),其结果如表 7.4 所示。

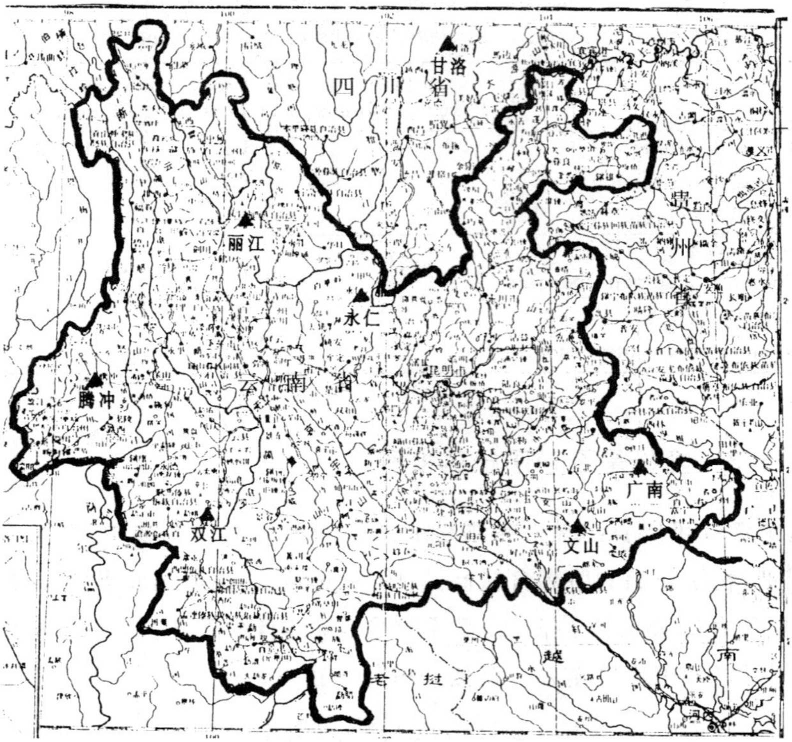

图 7.1　云南松松脂采集地点

Fig.7.1　Sampling places of oleoresins of *P. yunnanensis*

由表 7.4 可知,在上述各地区采集的云南松松脂的化学组成和含量基本一致。检出组分 29～32 个。单萜类含量在 38.0%～46.2%。倍半萜类含量均为 1%以下,双萜类含量在 53.2%～60.6%,唯 α-蒎烯和 β-蒎烯含量随地区不同而有很大差异。在文山、腾冲、永仁、丽江和甘洛地区,云南松松脂中 α-蒎烯含量高于 34%,β-蒎烯含量低于 2%。在双江地区云南松松脂中 β-蒎烯含量高达 30.3%,而 α-蒎烯含量仅 7.7%。在广南地区随机采集的云南松松脂样品中,60%株树含有 β-蒎烯,平均含量高达 27.3%,余下的样品含有 β-蒎烯仅 1.5%。这说明云南松存在一个高 β-蒎烯含量的特殊地理类型,主要分布在北纬 23.5°N～24.1°N 地区。

表 7.4　云南松在不同分布地区松脂的化学组成(%)

Table 7.4　Chemical compositions of oleoresins of *P. yunnanensis* in different regions

组　分 Components	双江 23.5°N 99.8°E	广南 24.1°N 105.0°E	文山 24.3°N 104.3°E	腾冲 25.0°N 98.5°E	永仁 26.9°N 100.2°E	丽江 26.9°N 100°E	甘洛 29.0°N 102.8°E	
α-蒎烯 α-Pinene	**7.7**	**14.5**	**34.4**	**36.1**	**34.5**	**38.3**	**40.7**	**36.3**
莰烯 Camphene	0.1	0.2	0.4	0.5	0.4	0.5	0.6	0.2
β-蒎烯 β-Pinene	**30.3**	**27.3**	**1.5**	**1.7**	**1.4**	**2.0**	**2.0**	**1.6**
α-香叶烯 α-Myrcene	0.7	0.6	0.4	0.5	0.6	0.5	0.5	0.4
苧烯 Limonene	5.7	3.2	0.9	1.4	5.0	1.7	1.0	0.6
α-萜品烯 α-Terpinene	0.1	0.1	0.1	0.1	0.2	0.1	0.1	0.1
α-萜品醇 α-Terpineol	0.2	0.3	0.3	0.2	0.4	0.4	0.3	0.2
β-玷玐烯 β-Copaene	Tr	Tr	Tr	Tr	Tr	Tr	Tr	Tr
异长叶烯 Isolongifolene	Tr	Tr			Tr	Tr		
长叶烯 Longifolene	Tr	Tr	Tr	Tr	Tr	0.2		Tr
石竹烯 Caryophyllene	0.4	0.1	0.2	0.1	0.6	0.2	0.1	0.1
反-β-金合欢烯 trans-β-Farnesene	0.1	0.3	0.1		0.2	0.1	0.1	0.3
8,13-海松烯 8,13-Pimarene	Tr	Tr	Tr	Tr	Tr	Tr	Tr	Tr
8,13-枞二烯 8,13-Abietadiene	Tr	Tr	Tr	Tr	Tr	Tr	Tr	Tr
阿替斯-15-烯 Atis-15-ene	Tr	Tr	Tr	Tr	Tr	Tr	Tr	Tr
海松醛 Pimaral	Tr	Tr	Tr	Tr	0.5	Tr	Tr	Tr
山达海松醛 Sandaracopimaral	0.7	0.4	0.4	0.4	0.1	0.6	0.6	0.1

续表

组　分 Components	双江 23.5°N 99.8°E	广南 24.1°N 105.0°E	文山 24.3°N 104.3°E	腾冲 25.0°N 98.5°E	永仁 26.9°N 100.2°E	丽江 26.9°N 100°E	甘洛 29.0°N 102.8°E
8,15-异海松酸 8,15-Isopimaric acid	0.1	0.1	0.1	0.2	0.1	0.1	0.4	0.1
异海松醛 Isopimaral			Tr			Tr		Tr
海松酸 Pimaric acid	0.6	0.3	0.2	0.3	0.3	0.7	0.5	0.1
湿地松酸 Communic acid	2.8	2.8	2.9	2.9	3.1	2.9	2.6	2.4
山达海松酸 Sandaracopimaric acid	1.2	1.1	1.1	1.3	1.2	1.4	1.2	1.1
海松醇 Pimarol	Tr			Tr	Tr	Tr		
异海松酸 Isopimaric acid	1.7	1.3	1.3	1.7	0.9	1.4	1.4	0.3
长叶松酸/左旋海松酸 Palustric acid/ Levopimaric acid	27.1	28.1	31.1	30.7	29.8	30.9	30.0	32.9
去氢枞酸 Dehydroabietic acid	3.0	3.5	4.6	3.5	3.7	2.6	3.2	4.4
8,12-枞二烯酸 8,12-Abietadienoic acid	Tr	Tr	Tr	Tr	0.2	Tr	Tr	
枞酸 Abietic acid	7.4	6.4	8.9	7.0	6.2	5.5	5.7	8.5
6,8,11,13-枞四烯酸 6,8,11,13-Abietatet- raenoic acid	0.1			0.4	0.3	0.3	0.4	0.2
新枞酸 Neoabietic acid	8.0	8.2	8.9	8.7	8.7	8.7	7.0	9.1
7,13,15-枞三烯酸 7,13,15-Abietatrieno- ic acid	0.8	0.8	1.1	1.0	0.8	0.6	0.7	0.3
7α-羟基去氢枞酸 7α-Hydroxydehydro- abietic acid	0.2	0.2	0.2	0.2	0.2	0.1	0.2	0.2
检出组分 Components number	31	30	30	30	32	32	29	30

续表

组　分 Components	双江 23.5°N 99.8°E	广南 24.1°N 105.0°E	文山 24.3°N 104.3°E	腾冲 25.0°N 98.5°E	永仁 26.9°N 100.2°E	丽江 26.9°N 100°E	甘洛 29.0°N 102.8°E
单萜类含量 Contents of monoterpenoids	44.8	46.2	38.0	40.5	42.5	43.5	45.2	39.4
倍半萜类含量 Contents of sesquiterpenoids	0.5	0.4	0.3	0.2	0.8	0.5	0.2	0.4
双萜类含量 Contents of diterpenoids	53.7	53.2	60.6	58.3	56.1	55.8	54.1	59.7

7.3　种间嫁接对松脂组成的影响

20 世纪 60 年代起，中国大量引种国外松，如湿地松、火炬松、萌芽松等，种植面积超过 130 万 hm^2。中国林业科学研究院亚热带林业研究所建有国外松树木园。该所研究人员曾分别将光松、萌芽松和展松作接穗，湿地松作砧木进行嫁接。作者对接穗光松、萌芽松和展松松脂分别进行了研究。

由表 7.5 可以看出，作接穗的光松、萌芽松和展松松脂中双萜类化合物组分及平均含量与光松、萌芽松和展松松脂基本一致。如果以主要树脂酸为例，它们的含量与湿地松松脂有较大差别。尤其湿地松松脂的山达海松酸和异海松酸含量明显高于接穗树种，而长叶松酸/左旋海松酸含量则低于接穗树种。

在展松与展松（接穗）的松脂中倍半萜烯类化合物含量分别为 4.3% 和 3.8%，比较相近。而在湿地松松脂中只检出痕量长叶烯。

在单萜类化合物组分和含量上作接穗的光松、萌芽松和展松松脂与湿地松松脂也有不同。如光松接穗前后松脂中，α-蒎烯和 β-蒎烯含量均高于湿地松；而展松则低于湿地松。萌芽松接穗前后松脂中苧烯含量低于湿地松；而展松则明显高于湿地松。

综上所述，光松、萌芽松或展松作接穗，湿地松作砧木，嫁接后松树松脂基本上分别具有光松、萌芽松和展松脂的化学特征，而不具备其砧木——湿地松松脂特征。

表 7.5 作接穗的光松、萌芽松和展松松脂的化学组成(%)①

Table 7.5 Characteristics of oleoresin compositions of *P. glabra*, *P. echinata* and *P. patula* as grafts

组 分 Components	湿地松 *P. elliottii*	光松 *P. glabra*	光松(接穗) *P. glabra*(*graft*)	萌芽松 *P. echinata*	萌芽松(接穗) *P. echinata*(*graft*)	展松 *P. patula*	展松(接穗) *P. patual* (*graft*)
α-蒎烯 α-Pinene	14.9	18.2	17.5	9.9	23.0	1.4	9.7
莰烯 Camphene	0.2	0.6	0.5	0.1	0.3	0.2	0.2
β-水芹烯 β-Phellandrene						0.4	0.3
β-蒎烯 β-Pinene	9.6	19.8	20.1	8.0	15.6	0.3	0.8
α-香叶烯 α-Myrcene	0.3	1.2	1.7	0.5	0.4	0.7	0.5
β-香叶烯 β-Myrcene						Tr	Tr
3-蒈烯 3-Carene	0.1			8.6		1.0	0.3
苧烯 Limonene	3.6	3.3	2.5	0.5	0.7	24.8	14.8
γ-松油烯 γ-Terpinene				0.1	Tr	Tr	Tr
α-萜品烯 α-Terpinene		Tr	0.1	0.9	Tr	0.4	0.3
α-萜品醇 α-Terpineol	0.3	0.1	Tr	0.4	0.1		0.2
十三烷 Tridecane	Tr	Tr	Tr	0.1	0.2		

续表

组　分 Components	湿地松 *P. elliottii*	光松 *P. glabra*	光松(接穗) *P. glabra*(*graft*)	萌芽松 *P. echinata*	萌芽松(接穗) *P. echinata*(*graft*)	展松 *P. patula*	展松(接穗) *P. patual*(*graft*)
α-柏木烯 α-Cedrene						0.3	0.5
β-玷玘烯 β-Copaene						0.2	0.2
异长叶烯 Isolongifolene						0.1	0.3
长叶烯 Longifolene	Tr					3.6	0.9
石竹烯 Caryophyllene				0.1	0.1	Tr	0.1
α-律草烯 α-Humulene						0.1	0.1
反-β-金合欢烯 trans-β-Farnesene						Tr	0.1
β-愈创木烯 β-Guaiene						Tr	0.4
γ-榄香烯 γ -Elemene						Tr	Tr
β-榄香烯 β-Elemene						Tr	1.2
雪松醇 Cedrol						Tr	Tr
8,13-海松烯 8,13-Pimarene	Tr	Tr	Tr	Tr	Tr	Tr	0.1
8,13-枞二烯 8,13-Abietadiene	Tr	Tr	Tr	Tr	Tr	0.1	0.2

续表

组　分 Components	湿地松 *P. elliottii*	光松 *P. glabra*	光松(接穗) *P. glabra (graft)*	萌芽松 *P. echinata*	萌芽松(接穗) *P. echinata (graft)*	展松 *P. patula*	展松(接穗) *P. patual (graft)*
阿替斯-15-烯 Atis-15-ene	Tr	Tr	Tr			0.1	Tr
海松醛 Pimaral	Tr	Tr	Tr	Tr	Tr	0.1	0.1
山达海松醛 Sandaracopimaral	0.5	0.3	0.3	0.5	0.5	1.1	1.1
8,15-异海松酸 8,15-Isopimaric acid	0.2	0.1	0.1	0.1	0.1	0.2	0.3
海松酸 Pimaric acid	1.2	0.2	0.1	0.2	0.4	1.4	1.4
湿地松酸 Communic acid	3.4	2.0	2.1	3.4	2.2	7.2	7.2
山达海松酸 Sandaracopimaric acid	4.1	1.4	1.6	1.2	1.0	1.3	1.8
海松醇 Pimarol		0.1	Tr			0.4	0.4
异海松酸 Isopimaric acid	9.0	0.9	0.7	0.6	1.1	3.9	1.9
长叶松酸/左旋海松酸 Palustric acid/Levopimaric acid	29.7	32.6	34.1	41.4	33.9	36.3	41.8
糖松酸 Lambertianic acid						0.1	0.1
去氢枞酸 Dehydroabietic acid	2.0	4.8	3.2	4.9	3.9	3.0	3.1
8,13(15)-枞二烯酸 8,13(15)-Abietadiene acid	0.1	0.3	0.1				

续表

组　分 Components	湿地松 *P. elliottii*	光松 *P. glabra*	光松(接穗) *P. glabra*(*graft*)	萌芽松 *P. echinata*	萌芽松(接穗) *P. echinata*(*graft*)	展松 *P. patula*	展松(接穗) *P. patual* (*graft*)
8,12-枞二烯酸 8,12-Abietadienoic acid	0.5	Tr	Tr	0.2	0.3	0.6	0.1
枞酸 Abietic acid	6.2	6.0	6.3	6.8	5.3	4.6	3.1
6,8,11,13-枞四烯酸 6,8,11,13-Abietatetraene acid	0.1	0.1	Tr	0.1	0.4	0.1	Tr
新枞酸 Neoabietic acid	12.5	5.6	7.7	8.9	8.0	4.6	5.3
7,13,15-枞三烯酸 7,13,15-Abietatrienoic acid	0.9	1.1	0.7	1.1	1.0	0.5	0.4
7α-羟基去氢枞酸 7α-Hydroxydehydroabietic acid	0.5	0.5	0.3	0.4	0.6	0.4	0.3
组分数 Components number	29	29	29	29	28	42	42
单萜类化合物 Contents of monoterpenoids	29.0	43.2	42.4	29.1	40.3	29.2	27.1
倍半萜类化合物 Contents of sesquiterpenoids	0	0	0	0.1	0.1	4.3	3.8
双萜类化合物 Contents of diterpenoids	70.9	56.0	57.0	69.8	58.7	66.0	70.3

注:①所有树种松脂均采集于浙江富阳。

The oleoresins of all pines were collected in Fuyang, Zheijiang.

Chapter 7 Some Problems Concerning Taxonomy

P. wulinensis is distributed in the Hunan province of China. However, this species has not been mentioned in the *Sylva Sinica*, and it is classified as a variety of *P. massoniana* in the *Hunan Plant Catalog*. As can be seen from Table 7.1, the differences between the oleoresins of *P. wulinensis*, *P. massoniana*, and one of its varieties, *P. hainanensis*, are significant. For example, sesquiterpenoid content in *P. wulinensis* oleoresins are as low as 0.4% and there are only 5 identified components, excluding longifolene and caryophyllene. In contrast, sesquiterpenoid content in oleoresins of *P. massoniana* and *P. hainanensis* are up to 13.7% and 14.8%, with there being 13 and 12 identified components, respectively. Longifolene and caryophyllene contents are repectively 9.5% and 1.4% in *P. massoniana* and 10.8% and 1.2% in *P. hainanensis*. Cembrene content in oleoresins of *P. wulinensis* is up to 7.5%, though it is not identifiable within the oleoresins of *P. massoniana* and *P. hainanensis*. From this evidence, *P. wulinensis* should not be a variety of *P. massoniana*.

The *Flora of China* includes *P. sylvestriformis* as a variety of *P. sylvestris*, while the *Sylva Sinica* treats it as an independent species. Oleoresins of *P. sylvestris* and its variety *P. mongolica* have large amounts of 3-carene (6.2% and 12.1%, respectively), that respectively compose 21.8% and 27.4% of their monoterpenoids. Nonetheless, 3-carene has not been identified in oleoresins of *P. sylvestriformis*. At the same time, oleoresins of *P. sylvestriformis* contains 2.4% cembrene, high longifolene content (about 3.0%), high sesquiterpenoids content (about 5.4%), and diterpenoids, the total identified components being 13. In contrast, cembrene was not identified in the oleoresins of *P. sylvestri* and *P. mongolica*, the sesquiterpenoids contents was low (approximately 0.1%～0.2%), and the number of identified oleoresin components of each species was six and 4 respectively (Table 7.2). All these results indicate that significant differences exist between oleoresins of *P. sylvestriformis*, *P. sylvestri*, and *P. mongolica*. As a result, *P. sylvestriformis* should be considered as an independent species.

Critchfield W B and Little E L considered *P. serotina* an independent species, however, *Sylva Sinica* presumed it to be a variety of *P. rigida*. α-pinene and limonene contents in oleoresins of *P. serotina* and *P. rigida* are obviously different (Table 7.3). Due to this, *P. serotina* should be considered as an independent species, based on characteristics of oleoresin.

P. yunnanensis is extensively distributed in the Yunnan province of China. Oleoresins randomly collected from 7 pine forests, located at different latitudes, were analyzed with the results showing that most chemical components and contents do not vary with origin (Table 7.4). The one exception to this is α-pinene and β-pinene contents. Oleoresins from *P. yunnanensis* geographically distributed in the region between 23.5°N to 24.1°N contain a large amount of β-pinene, the average being between 27.3 to 30.3%.

Chemical compositions of oleoresins from some pine species which were grafted to *P. elliottiiwere* were investigated. It is shown that their chemical characteristics are similar to those of the original species and different from those of the rootstock's oleoresins (Table 7.5).

附录1 松脂主要组分的化学结构

α-蒎烯
α-Pinene

莰烯
Camphene

β-水芹烯
β-Phellandrene

β-蒎烯
β-Pinene

α-香叶烯
α-Myrcene

β-香叶烯
β-Myrcene

3-蒈烯
3-Carene

苧烯
Limonene

γ-萜品烯
γ-Terpinene

α-萜品烯
α-Terpinene

$CH_3(CH_2)_9CH_3$

十一烷
Urdecane

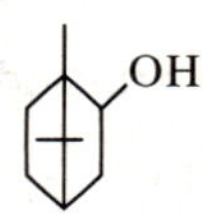

1-莰醇
1-Borneol

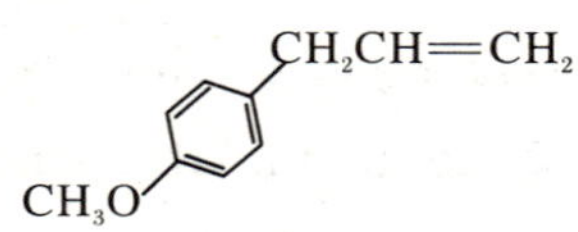

对烯丙基茴香醚
p-Allylanisole

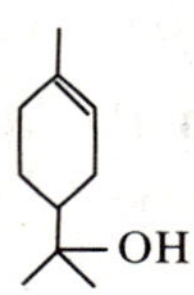

α-萜品醇
α-Terpineol

$CH_3(CH_2)_{11}CH_3$

十三烷
Tridecane

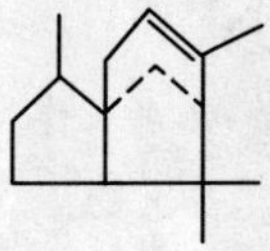

α-柏木烯

α-Cedrene

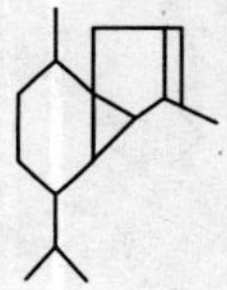

α-荜澄茄烯

α-Cubebene

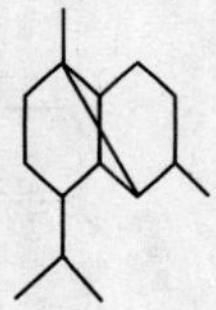

β-玷玒烯

β-Copaene

异长叶烯

Isolongifolene

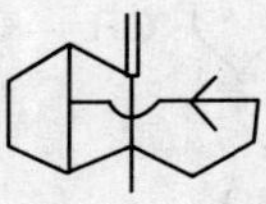

长叶烯

longifolene

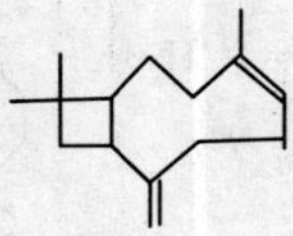

石竹烯

Caryophyllene

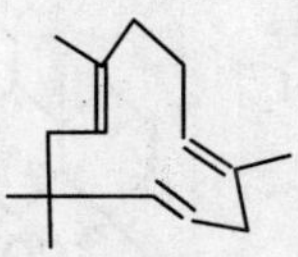

α-律草烯

α-Humulene

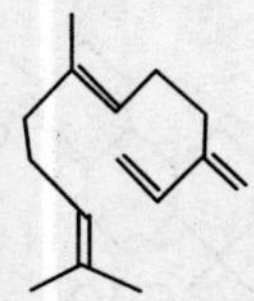

反-β-金合欢烯

trans-β-Farnesene

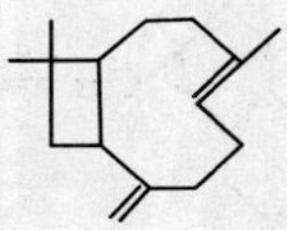

β-石竹烯

β-Caryophyllene

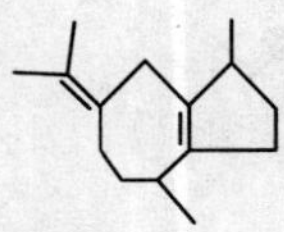

β-愈创木烯

β-Guaiene

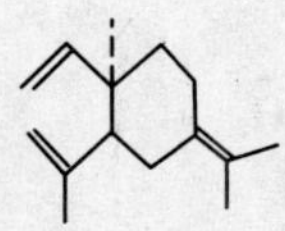

γ-榄香烯

γ-Elenene

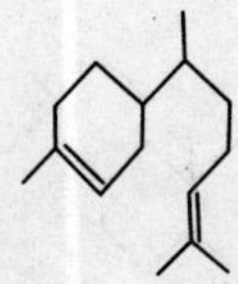

β-防风根烯

β-Bisabolene

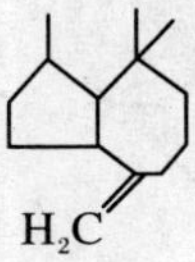

香树烯

Aromadendrene

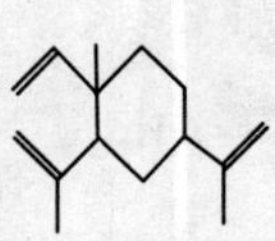

β-榄香烯

β-Elemene

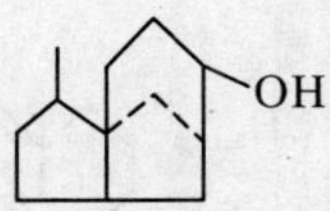

雪松醇烯

Cedrol

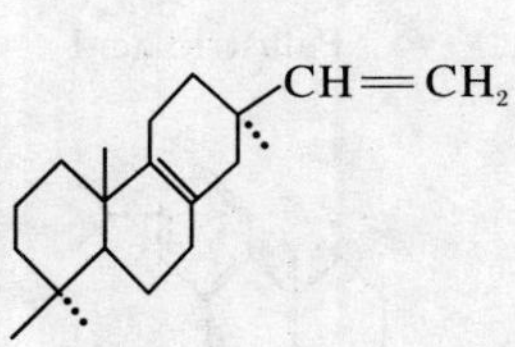

8,15-海松烯

8,15-Pimarene

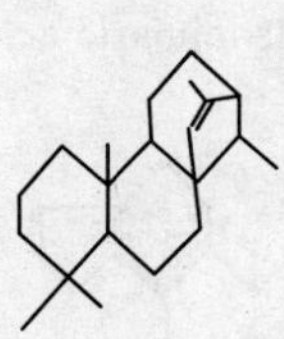

异贝壳杉烯

Isokaurene

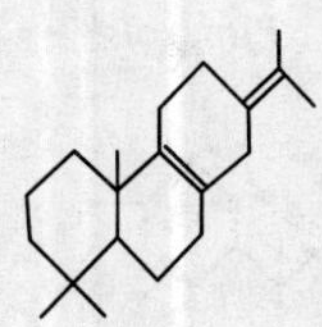

8,13-枞二烯

8,13-Abietadiene

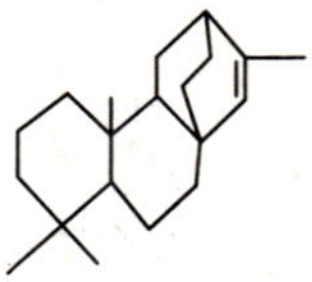

阿替斯-15-烯

Atis-15-ne

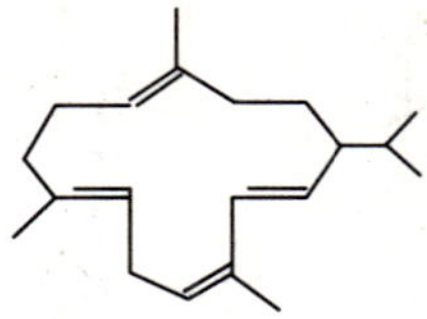

松柏烯

Cembrene

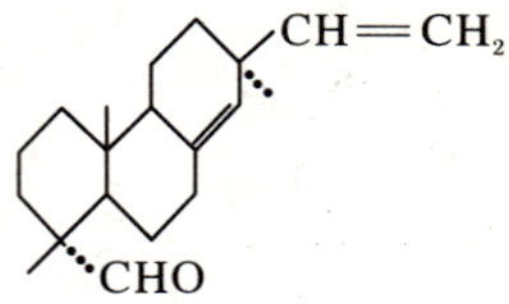

海松醛

Pimaral

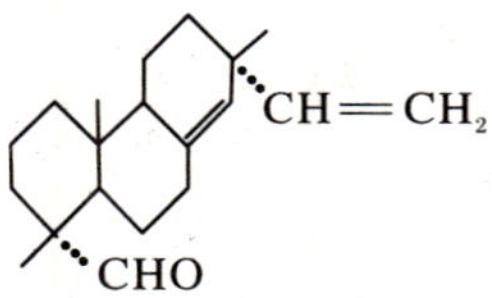

山达海松醛

Sandaracopimaral

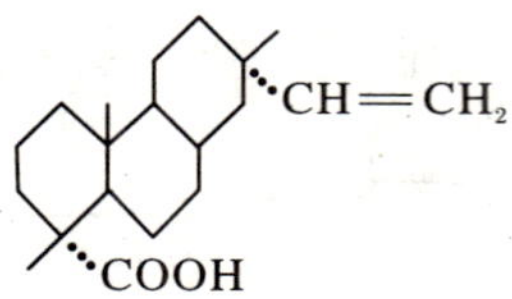

8,15-异海松酸

8,15-Isopimaric acid

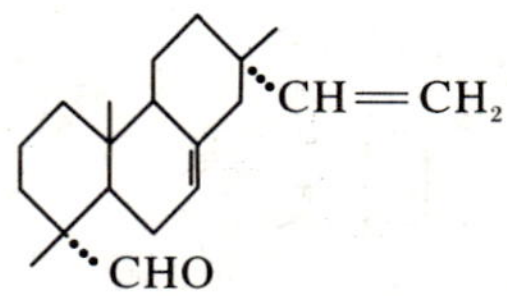

异海松醛

Isopimaral

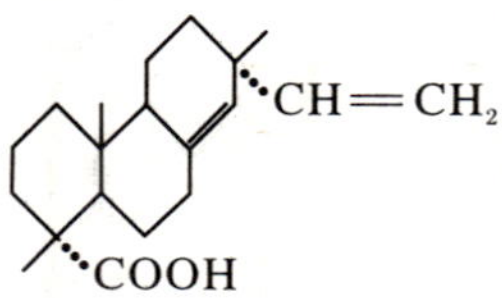

海松酸

Pimaric acid

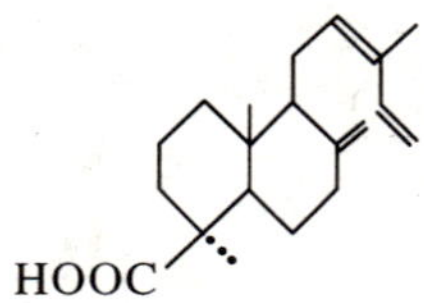

湿地松酸

Communic acid

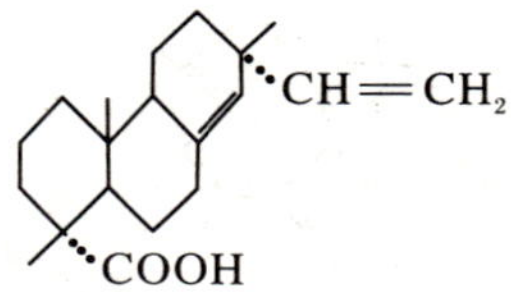

山达海松酸

Sandaracopimaric acid

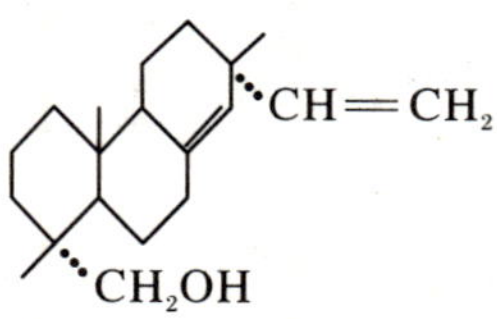

海松醇

Pimarol

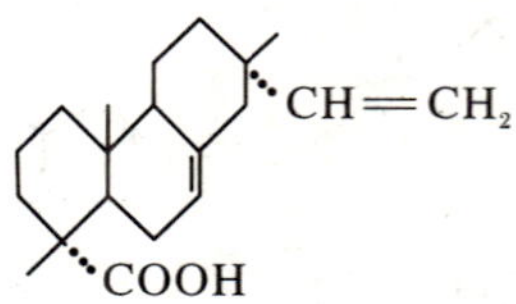

异海松酸

Isopimaric acid

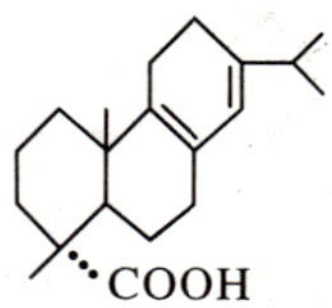

长叶松酸

Palustric acid

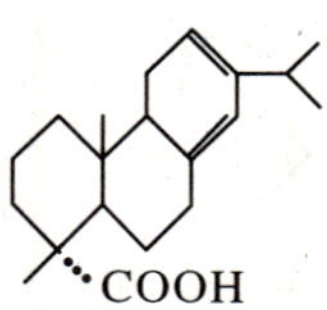

左旋海松酸

Leoopimarol acid

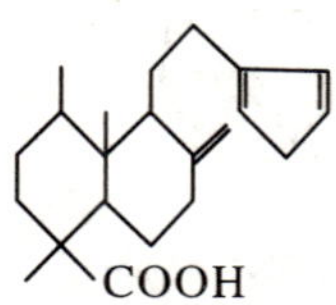

糖松酸

Lambertianic acid

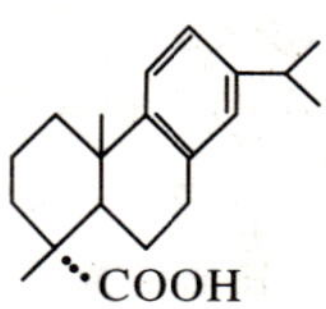

去氢枞酸

Dehydroabietic acid

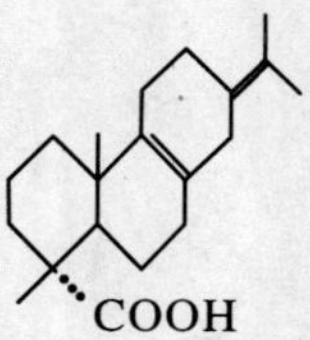

8,13(15)-枞二烯酸

8,13(15)-Abietadienoic acid

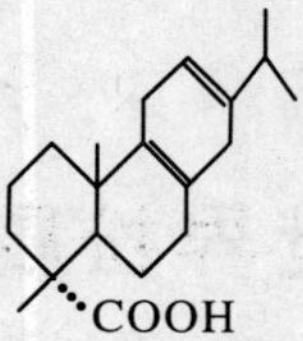

8,12-枞二烯酸

8,12-Abietadienoic acid

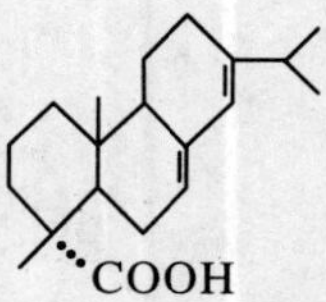

枞酸

Abietic acid

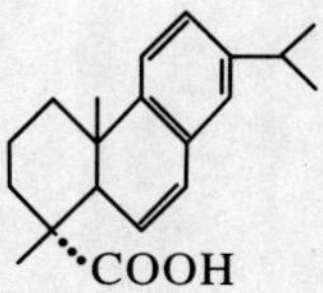

6,8,11,13-枞四烯酸

6,8,11,13-Abietatetraenoic acid

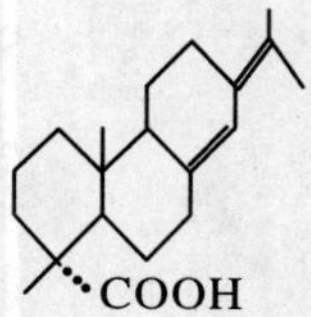

新枞酸

Neoabietic acid

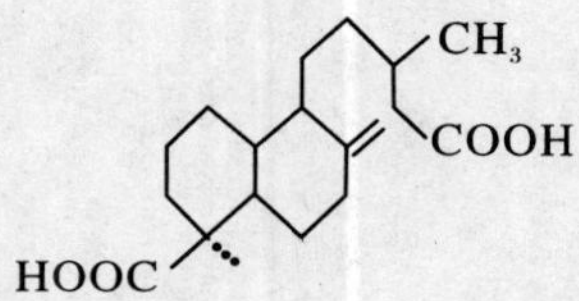

南亚松酸

Mercusic acid

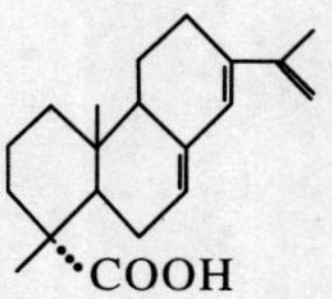

7,13,15-枞三烯酸

7,13,15-Abietatrienoic acid

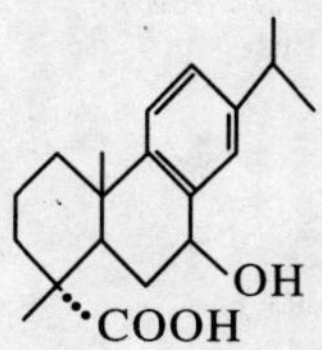

7α-羟基去氢枞酸

7α-Hydroxydehydroabietic acid

附录 2 世界松属分类

Subgen. *Ducampopinus* (A. Cheval.) de Ferré

Sect. *Ducampopinus*

Subsect. *Krempfiani* Little & Critchfield 越南松亚组

P. krempfii Lecomte 越南松

Subgen. *Strobus* Lemm. 白松亚属

Sect. *Strobus* 白松组

Subsect. *Cembrae* Loud. 欧洲松亚组

P. koraiensis Sieb. & Zucc. 红松

P. pumila Regel 偃松

P. sibirica Du Tour 新疆五针松
西伯利亚红松

P. cembra L. 欧洲五针松
瑞士岩松 欧洲松

P. albicaulis Engelm. 瑞士五针松
白枝松 美国白皮松

Subsect. *Strobi* Loud. 白松亚组

P. strobus L. 北美乔松
墨西哥白松 美国白松

P. monticola Dougl. 西部白松
加州山松 欧洲松

P. lambertiana Dougl. 糖松

P. flexilis James 柔松

P. strobiformis Engelm. 北美白松 类球果松

P. ayacahuite Ehrenb. 墨西哥白松 阿雅卡松

P. peuce Griseb.	巴尔干松　扫帚松
P. armandii Franch.	华山松
P. griffithii McClelland	乔松
P. dalatensis de Ferré	越南五针松
	越南大叨松
P. parviflora Sieb. & Zucc.	日本五针松
P. morrisonicola Hayata	台湾五针松
P. fenzeliana Hand.-Mazz.	海南五针松
P. wangii Hu & Cheng	毛枝五针松
Sect. *Parrya* Mayr	白皮松组
Subsect. *Cembroides* Engelm.	墨西哥松亚组
P. cembroides Zucc.	墨西哥果松
P. edulis Engelm.	食松
P. quadrifolia Parl.	四针松
P. monophylla Torr. & Frém	单叶松
P. culminicola Andresen & Beaman	高寒松
P. maximartinezii Rzedowski	大子松
P. pinceana Gord.	长枝松
P. nelsonii Shaw	连叶松
Subsect. *Gerardianae* Loud.	白皮松亚组
P. gerardiana Wall.	西藏白皮松
	喜马拉雅松
P. bungeana Zucc.	白皮松
Subsect. *Balfourianae* Shaw	狐尾松亚组
P. balfouriana Grev. & Balf.	狐尾松　巴耳弗松
P. aristata Engelm.	刺果松
Subgen. *Pinus*	油松亚属
Sect. *Ternatae* Loud.	长叶松组
Subsect. *Leiophyllae* Loud.	光叶松亚组
P. leiophylla Schiede & Deppe	光叶松
P. lumholtzii Robins. & Fern.	垂枝松
Subsect. *Canarienses* Loud.	加那利松亚组
P. canariensis C. Smith	加那利松
P. roxburghii Sarg.	西藏长叶松
	喜马拉雅长叶松
Subsect *Pineae* Shaw	意大利松亚组

P. pinea L. 意大利五针松 意大利伞松 石松

Sect. *Pinus* 油松组

Subsect. *Sylvestres* Loud. 赤松亚组

P. resinosa Ait. 脂松 多脂松

P. tropicalis Morelet 热带松

P. nigra Arnold 欧洲黑松

P. heldreichii Christ 巴尔干松

P. mugo Turra 欧洲山松

P. pinaster Ait. 海岸松

P. halepensis Mill. 地中海白松 阿勒颇松

P. brutia Ten. 塞浦路斯松 爱琴海松

P. sylvestris L. 欧洲赤松

P. densiflora Sieb. & Zucc. 赤松 日本赤松

P. thunbergiana Franco 黑松 日本黑松

P. massoniana Lamb. 马尾松

P. taiwanensis Hayata 台湾松

P. luchuensis Mayr 琉球松

P. hwangshanensis Hsia 黄山松

P. tabulaeformis Carr. 油松

P. yunnanensis Franch. 云南松

P. insularis Endl. 岛松

P. merkusii Jungh. & de Vriese 苏门答腊松 南亚松

Subsect. *Australes* Loud. 黑松亚组

P. palustris Mill. 长叶松 大王松

P. taeda L. 火炬松

P. echinata Mill. 萌芽松 短叶松

P. glabra Walt. 光松

P. rigida Mill. 刚松

P. serotina Michx. 晚松

P. pungens Lamb. 辛松 刺叶松

P. elliottii Engelm. 湿地松

P. caribaea Morelet 加勒比松

P. occidentalis Sw. 西方松

P. cubensis Griseb. 古巴松

Subsect. *Ponderosae* Loud. 西黄松亚组

P. *ponderosa* Laws.	西黄松
P. *washoensis* Mason & Stockwell	华树松
P. *jeffreyi* Grev. & Balf.	黑材松　约弗松
P. *engelmannii* Carr.	大叶松
P. *durangensis* Marinez	杜兰戈松　多针松
P. *cooperi* C. E. Blanco	库泊松
P. *montezumae* Lamb.	粗糙枝松　山松
P. *hartwegii* Lindl.	灰叶山松
P. *michoacana* Martinez	米却肯松　麦根松
P. *pseudostrobus* Lindl.	粉枝五针松　假球松
P. *douglasiana* Martinez	道格拉斯松　粗叶松
P. *teocote* Schiede & Deppe	卷叶松
P. *lawsonii* Roezl	劳森松
Subsect. *Sabinianae* Loud.	沙浜松亚组
P. *sabiniana* Dougl.	沙浜松
P. *coulteri* D. Don	大果松
P. *torreyana* Parry	陶松
Subsect. *Contortae* Little & Critchfield	山地松亚组
P. *banksiana* Lamb.	北美短叶松
P. *contorta* Dougl.	山地松　小干松
P. *virginiana* Mill.	矮松　维吉尼亚松
P. *clausa* (Chapm.) Vasey	沙松
Subsect. *Oocarpae* Little & Critchfield	卵果松亚组
P. *radiata* D. Don	辐射松
P. *attenuata* Lemm.	瘤果松
P. *muricata* D. Don	粗糙松
P. *patula* Schiede & Deppe	展松
P. *greggii* Engelm.	格雷奇松
P. *oocarpa* Schiede	卵果松
P. *pringlei* Shaw	曲枝松

引自 *Geographic Distribution of the Pines of the World* by Critchfield W B and Little E L. USDA Forest Service Miscellaneous Publication 991. Washington, USA 1966.

附录3 中国松属分类

亚属 1:单维管束松亚属 Subgen. *Strobus* (Sweet) Rehd.

组 1:五针松组 Sect. *Strobus*

红松 *P. koraiensis* Sieb. et Zucc.

新疆五针松 *P. sibirica* (Loud.) Mayr

偃松 *P. pumila* (Pall.) Regel

华山松 *P. armandi* Franch.

台湾果松(变种)*P. armandi* Franch. var. *mastersiana* (Hayata) Hayata

大别山五针松 *P. dabeshanensis* Cheng et Law

海南五针松 *P. fenzeliana* Hand.-Mzt.

乔松 *P. griffithii* McClelland

北美乔松 *P. strobus* L.

日本五针松 *P. parviflora* Sieb. et Zucc.

台湾五针松 *P. morrisonicola* Hayata

毛枝五针松 *P. wangii* Hu et Cheng

华南五针松 *P. kwangtungensis* Chun ex Tsiang

组 2:白皮松组 Sect. *Parrya* Mayr

白皮松 *P. bungeana* Zucc. ex Endl.

西藏白皮松 *P. gerardiana* Wall.

亚属 2:双维管束松亚属 Subgen. *Pinus*

组 3:长叶松组 Sect. *Sula* Mayr

西藏长叶松 *P. roxbourghii* Sarg.

[*P. longifolia* Roxb.]

组 4:油松组 Sect. *Pinus*

赤松 *P. densiflora* Sieb. et Zucc.

兴凯湖松 *P. takahasii* Nakai

欧洲赤松(引种)*P. sylvestris* L.

樟子松(变种)*P. sylvestris* L. var. *mongolica* Litv.

长白松*P. sylvestriformis* (Takenouchi) T. Wang ex Cheng

[*P. sylvestris* L. var. *sylvestriformis* (Takenouchi) Cheng et C. D. Chu]

巴山松 *P. henryi* Mast.

油松 *P. tabulaeformis* Carr.

黑皮油松(变种)*P. tabulaeformis* Carr. var. *mukdensis* Uyeki

扫帚油松(变种)*P. tabulaeformis* Carr. var. *umbraculifera* Liou et Wang

高山松 *P. densata* Mast.

云南松 *P. yunnanensis* Franch.

细叶云南松(变种)*P. yunnanensis* Franch. var. *tenuifolia* Cheng et Law

地盘松(变种)*P. yunnanensis* Franch. var. *pygmaea* (Hsüeh) Hsüeh

思茅松(变种)*P. kesiya* Royle ex Gord. var. *langbianensis* (A. Chev.) Gaussen

南亚松*P. latteri* Mason

(*P. tonkinensis* Chev.)

马尾松 *P. massoniana* Lamb.

雅加松(变种)*P. massoniana* Lamb. var. *hainanensis* Cheng et L. K. Fu

岭南马尾松(变种)*P. massoniana* Lamb. var. *lingnanensis* Hort.

黄鳞松(变种)*P. massoniana* Lamb. var. *huanglinsong* Hort.

黄山松① *P. taiwanensis* Hayata

(*P. hwangshanensis* Hsia)

大明松(变种)*P. taiwanensis* Hayata var. *damingshanensis* Cheng et L. K. Fu

欧洲黑松(引种)*P. nigra* Arn.

黑松(引种)*P. thunbergii* Parl.

海岸松(引种)*P. pinaster* Ait.

长叶松(引种)*P. palustris* Mill.

西黄松(引种)*P. ponderosa* Dougl. ex Laws.

---

① 按《中国树木志》黄山松和台湾松列为同一树种。

P. taiwanensis and *P. hwangshanensis* belong to the same specics in *Sylva Sinica*

火炬松(引种)*P. taeda* L.

湿地松(引种)*P. elliottii* Engelm.

古巴加勒比松(引种)(变种)*P. caribaea* Morel et var. caribaea

洪都拉斯加勒比松(引种)(变种)*P. caribaea* var. *hondurensis* Barrett et Golfari

巴哈马加勒比松(引种)(变种)*P. caribaea* var. *bahamensis* Barrett et Golfari

热带松(引种)*P. tropicalis* Morelet

刚松(引种)*P. rigida* Mill.

晚松(引种)(变种)*P. rigida* Mill. var. *serotina* (Michx.) Loud. ex Hoopes

萌芽松(引种)*P. echinata* Mill.

矮松(引种)*P. virginiana* Mill.

北美短叶松(引种)*P. banksiana* Lamb.

引自郑万钧主编《中国树木志》第一卷,1983年10月中国林业出版社出版。

Cited from *Sylva Sinica* Vol.1 by Zheng W J, published by China Forestry Publishing House, 10/1983.

附录 4　中国特有松树树种

大别山五针松 *P. dabeshanensis* Cheng et Law

海南五针松 *P. fenzeliana* Hand.-Mzt.

华南五针松 *P. kwangtungensis* Chun ex Tsiang

台湾五针松 *P. morrisonicola* Hayata

台湾果松(变种) *P. armandi* Franch. var. *mastersiana* (Hayata) Hayata

毛枝五针松 *P. wangii* Hu et Cheng

白皮松 *P. bungeana* Zucc. ex Endl.

高山松 *P. densata* Mast.

巴山松 *P. henryi* Mast.

油松 *P. tabulaeformis* Carr.

黄山松 *P. taiwanensis* Hayata

引自郑万钧主编《中国树木志》第一卷,1983 年 10 月中国林业出版社出版。

Cited from *Sylva Sinica* Vol.1 by Zheng W J, publised by China Forestry Publishing House, 10/1983.

附录5 松属分种检索表

1.叶鞘早落,鳞叶不下延,叶内具1条维管束[亚属1.**单维管束松亚属** Subgen. ***Strobus***]

2.种鳞的鳞脐顶生,无刺;针叶常5针一束:

3.种子无翅或具极短之翅[组1.**五针松组** Sect. ***Strobus***]

4.球果成熟时种鳞不张开或微张开,种子不脱落;小枝有密毛:

5.针叶粗,长7~12厘米,径1~1.5毫米,锯齿明显,树脂道3,中生;乔木:

6.小枝被黄褐或红褐色毛;叶之气孔线明显;球果长9~14厘米,种鳞上端渐窄,向外反曲 …………………………………………… 1.**红松** ***P. koraiensis***

6.小枝被黄色毛;叶之气孔线不明显;球果长5~8厘米,种鳞上端圆,内曲 ………………………………………………………… 2.**新疆五针松** ***P. sibirica***

5.针叶细短,长4~8厘米,径不及1毫米,锯齿不明显,树脂道2,边生;球果小,长3~4.5厘米,种鳞微外曲;常呈灌木状 ………… 3.**偃松** ***P. pumila***

4.球果熟时种鳞张开,种子脱落;小枝无毛:

7.鳞盾边缘不反卷或微反卷,种子倒卵圆形 ………… 4.**华山松** ***P. armandi***

7.鳞盾边缘明显外卷,种子倒卵状椭圆形,稀倒卵形:

8.针叶长5~14厘米;球果圆柱状椭圆形,长约14厘米;种子淡褐色,具极短的翅 ………………………………… 5.**大别山五针松** ***P. dabeshanensis***

8.针叶长10~18厘米;球果长卵形或椭圆状卵形,长6~9厘米;种子栗褐色,种翅长2~4毫米 ………………………… 6.**海南五针松** ***P. fenzeliana***

3.种子具结合而生的长翅:

9.针叶细长,长7~20厘米;球果圆柱形或窄圆柱形,长8~25厘米:

10.小枝无毛,微被白粉;针叶长10~20厘米,下垂 …… 7.**乔松** ***P. griffithii***

10.幼枝被毛,后即脱落,无白粉;针叶长7~14厘米,不下垂…………………

……………………………………………………………… 8.**北美乔松** ***P. strobus***

9.针叶长不及 8 厘米;球果较小,卵圆形、卵状椭圆形或椭圆状圆柱形,长 10 厘米以内:

11.针叶细,径不及 1 毫米:

12.小枝有密毛;针叶长 3.5～5.5 厘米;球果无梗,种子具宽翅,翅与种子近等长 ……………………………………………… 9.**日本五针松** ***P. parviflora***

12.小枝无毛或有疏毛;针叶长 4～8 厘米;球果具短梗;种子具窄翅,翅长为种子的二倍 ……………………………… 10.**台湾五针松** ***P. morrisonicola***

11.针叶较粗,径 1～1.5 毫米;球果具明显的梗:

13.小枝有密毛,叶内树脂道 3,中生 …………… 11.**毛枝五针松** ***P. wangii***

13.小枝无毛,极少有疏毛;叶内树脂道 2～3 个,背面 2 个边生,腹面 1 个中生或缺…… ……………………………… 12.**华南五针松** ***P. kwangtungensis***

2.种鳞的鳞脐背生;针叶 3 针一束;叶内树脂道边生;树皮灰绿色,裂成薄片剥落[组 2.**白皮松组** Sect. *Parrya*]:

14.针叶粗硬;球果小,卵圆形或卵形,长 5～7 厘米,径 4～6 厘米;鳞盾微肥厚隆起,有短刺 ……………………………………………………… 13.**白皮松** ***P. bungeana***

14.针叶细柔;球果大,长圆状卵形,长 15～20 厘米,径约 10 厘米;鳞盾三角状,显著隆起,先端向下反卷,刺不明显 ……………… 14.**西藏白皮松** ***P. gerardiana***

1.叶鞘宿存,稀脱落,鳞叶下延,叶内具 2 条维管束;种鳞的鳞脐背生,种子上部具长翅[亚属 2.**双维管束松亚属** Subgen. *Pinus*]:

15.种翅基部无关节,翅与种子结合而生;针叶 3 针一束,长 20～30 厘米;球果长 10～20 厘米,鳞盾显著隆起,横脊明显,鳞脐有刺[组 3.**长叶松组** Sect. **Sula**]:

……………………………………………………………… 15.**西藏长叶松** ***P. roxbourghii***

15.种翅基部有关节,易与种子分离[组 4.**油松组** Sect. *Pinus*]:

16.枝条每年生长 1 轮,1 年生小球果生于近枝顶:

17.针叶 2 针一束,稀 3 针一束:

18.叶内树脂道边生:

19.1 年生枝有白粉或微有白粉:

20.1 年生枝色浅,枯黄色、红黄色或淡褐色;种鳞较薄:

21.1 年生小球果直立或近直立,成熟球果暗黄色或淡褐黄色,鳞盾平;稀横脊微隆起;树干上部树皮红褐色 …… 16.**赤松** ***P. densiflora***

21.1 年生小球果下垂,成熟球果淡褐色或淡黄褐色,鳞盾肥厚隆起或微隆起;树干上部树皮淡褐黄色 …… 17.**兴凯湖松** ***P. takahasii***

20.1 年生枝色深,红褐色或黄褐色;种鳞较厚 …… 20.**巴山松** ***P. henryi***

19.1 年生枝无白粉:

22. 鳞盾显著隆起，有锐脊，斜方形或多角形，上部凸尖；针叶短，长 3～9 厘米：

23. 鳞盾色深，黄褐色；针叶细，径约 1 毫米 ………………………………………………………………………… 18. **欧洲赤松 *P. sylvestris***

23. 鳞盾色浅，淡褐灰色或淡褐色；针叶粗，径 1～2 毫米：

24. 针叶径 1.5～2 毫米；树干上部树皮淡黄色，内皮金黄色 ……………………………………… **樟子松 *P. sylvestris var. mongolica***

24. 针叶径 1～1.5 毫米；树干上部树皮棕黄色至金黄色……………………………………………………… 19. **长白松 *P. sylvestriformis***

22. 鳞盾肥厚隆起或微隆起，横脊较钝，钝圆不成锐脊，或仅微隆起：

25. 针叶粗硬，径 1～1.5 毫米；鳞盾肥厚隆起，鳞脐有短刺：

26. 球果熟时色深，栗褐色或深褐色，有光泽，基部通常斜歪；小枝黄褐色，有光泽 ………………………………… 22. **高山松 *P. densata***

26. 球果熟时色浅，淡黄色或淡褐黄色，无光泽，基部不斜歪；小枝褐黄色，无光泽 ………………………… 21. **油松 *P. tabulaeformis***

25. 针叶细柔，径 1 毫米或不足 1 毫米；鳞盾平或仅微隆起，鳞脐通常无刺 ……………………………………… 26. **马尾松 *P. massoniana***

18. 针叶内树脂道中生：

27. 针叶的树脂道位于叶内薄壁组织中，不接连皮下层细胞，也不接连内皮层：

28. 球果较小，长 10 厘米以内，熟时种鳞张开：

29. 冬芽褐色、红褐色或栗褐色：

30. 针叶长 15～27 厘米，径 1.5 毫米；球果卵状圆柱形或长卵形，长 5～10 厘米，梗长约 1 厘米 ……………… 25. **南亚松 *P. latteri***

30. 针叶较短，长 16 厘米以内；球果卵圆形，几无梗或有短梗：

31. 针叶长 7～10(13)厘米，球果长 3～5 厘米，褐色或暗褐色 ………………………………………… 27. **黄山松 *P. taiwanensis***

31. 针叶长 9～16 厘米，刚硬；球果长 5～8 厘米，光褐色…………………………………………………… 28. **欧洲黑松 *P. nigra***

29. 冬芽银白色；针叶粗硬；球果长 4～6 厘米 ……………………………………………………………… 29. **黑松 *P. thunbergii***

28. 球果较大，长 9～18 厘米，圆锥状卵形或椭圆状卵形，熟时种鳞不张开，鳞盾强隆起，鳞脐具凸起的刺；针叶长 10～25 厘米……………………………………………………… 30. **海岸松 *P. pinaster***

27. 针叶的树脂道位于接连皮下层细胞及内皮层之间，针叶长 10～30 厘米，径 1 毫米；球果长 5～8 厘米，鳞盾强隆起，有横脊，鳞脐无刺 ………………………………………………………………… 36. **热带松** ***P. tropicalis***

17. 针叶 3 针一束，稀 3、2 针并存：

32. 球果较小，长 8 厘米以内，最长不超过 11 厘米，鳞盾隆起或微隆起，鳞脐具短刺或近无刺：

33. 球果圆卵形，基部通常斜歪；针叶通常较短，最长不超过 15 厘米……………………………………………………………… 22. **高山松** ***P. densata***

33. 球果圆锥状卵形，基部对称；针叶较长，可达 30 厘米……………………………………………………………………………… 23. **云南松** ***P. yunnanensis***

32. 球果较大，长 8～20 厘米，鳞盾强隆起，鳞脐隆起成锥状三角形，先端具尖刺：

34. 芽银白色，粗大，无树脂；针叶长 20～45 厘米，树脂道 3～7，内生；球果长 15～20 厘米 ……………………… 31. **长叶松** ***P. palustris***

34. 芽褐色，有树脂；针叶长 12～36 厘米，树脂道 5，中生；球果长 8～15 厘米 ……………………………………… 32. **西黄松** ***P. ponderosa***

16. 枝条每年生长 2 至数轮，1 年生小球果生于小枝侧面：

35. 针叶 3 针一束，或 3、2 针并存，少有 4～5 针一束：

36. 针叶较长，长 12～30 厘米；球果较大，长 6～13 厘米；主干上无不定芽：

37. 针叶 3 针一束，稀 2 针一束，径 0.7～1.5 毫米：

38. 针叶细柔，径略小于 1 毫米，树脂道边生；球果卵圆形，长 4.5～6 厘米，具短梗 ………… 24. **思茅松** ***P. kesiya*** var. ***langbianensis***

38. 针叶较粗硬，径约 1.5 毫米，树脂道通常 2 个(有时多至 4 个)，中生，间或其中 1 个内生；球果卵状长圆形或圆锥状卵形，长 5～15 厘米，无梗，鳞盾沿横脊强隆起，鳞脐具渐尖的锐尖刺 ……………………………………………………………… 33. **火炬松** ***P. taeda***

37. 针叶 3、2 针并存，或 3 针一束，稀 4～5 针或 2 针一束，径 1.5～2 厘米；树脂道内生：

39. 针叶 3、2 针并存，长 18～30 厘米，径约 2 毫米，鳞叶深绿色，有光泽；球果圆锥形状卵形；种子黑色，种翅易落 ……………………………………………………………… 34. **湿地松** ***P. elliottii***

39. 针叶 3 针一束，少有 4～5 针，更少有 2 针一束并存，鳞叶鲜绿色；球果窄圆锥形或圆柱状圆锥形；种子色淡，种翅基部残留 ……………………………………………………………… 35. **加勒比松** ***P. caribaea***

36. 针叶较短，长 7～15 厘米；球果较小，长 3～7 厘米；主干上常有不定芽：

40.小枝红褐色或淡黄褐色，无白粉；针叶刚硬，3针一束，径约2毫米；球果熟后迟张开，鳞盾沿横脊强隆起，鳞脐隆起具锐尖刺 ……………………………………………………………… 37.**刚松** ***P. rigida***

40.小枝深红褐色，初被白粉；针叶较细柔，2针或3针一束，径不足1毫米；球果熟时种鳞张开，鳞盾平或微隆，鳞脐有极短之刺 ……………………………………………………………… 38.**萌芽松** ***P. echinata***

35.针叶2针一束：

41.针叶短，长8厘米以内；球果小，长6厘米以内

42.幼枝有白粉；针叶长4～8厘米，径约1毫米；球果熟时种鳞张开，鳞盾微隆起，鳞脐隆起，有细刺 ……………… 39.**矮松** ***P. virginiana***

42.幼枝无白粉；针叶长2～4厘米，径约2毫米；球果熟时种鳞不张开，鳞盾平，鳞脐无刺…………………… 40.**北美短叶松** ***P. banksiana***

41.针叶长，10～25厘米：

43.针叶刚硬，径约2毫米，明显扭曲，树脂道中生或内生；球果大，长9～18厘米，鳞盾锥状隆起，鳞脐有短刺 …… 30.**海岸松** ***P. pinaster***

43.针叶细柔，径约1毫米，不扭或微扭曲，树脂道边生；球果较小，长4～7厘米，鳞盾平或微隆起，鳞脐通常无刺 ……………………………………………………………………… 26.**马尾松** ***P. massoniana***

引自郑万钧主编《中国树木志》第一卷，中国林业出版社1983年10月出版。

Cited from *Sylva Sinica* Vol.1 by Zheng W J, published by China Forestry Publishing House, 10/1983.

附录6　松属分亚属检索表

1.针叶常5针一束,叶内具一条维管束,背部通常无气孔线;种鳞鳞脐顶生,无刺状尖头
……………………………………… 亚属1.**白松亚属** Subgen. ***Strobus*** (Sweet) Rehd.

1.针叶背腹面均有气孔线;种鳞鳞脐背生,鳞脐有刺或无刺:

2.针叶5～1针一束,叶内具一条维管束;树皮灰白色、平滑,裂成不规则的薄片剥落
………………………… 亚属2.**白皮松亚属** Subgen. ***Parrya*** (Mayr)Chu et X. P. Li

2.针叶2针一束或3针一束,叶内具二条维管束;树皮不为灰白色、平滑……………
………………………………………………………… 亚属3.**松亚属** Subgen. ***Pinus***

引自《南京林业大学学报》,Vol.17(1),李湘萍等,1995.

Cited from *J. of Nanjing Forestry University*, 1995, Vol 17(1),by Li X P etc.

参考文献

[1] 高宏,叶佰蕙,宋湛谦.2001.洪都拉斯卵果松松脂化学组成与产品质量[J].林产化工通讯,35(3):6～8

[2] 高宏,宋湛谦,叶佰蕙,商士斌.2007.巴西湿地松松脂的化学组成分析[J].生物质化学工程,41(5):17～20

[3] 梁志勤,姜紫荣.1981.马尾松松脂重质松节油化学组成的研究[J].林产化学与工业,1(2):40～48

[4] 梁志勤,姜紫荣.1982.松脂中主要化学组成的毛细管气相色谱分析[J].林产化学与工业,2(3):13～22

[5] 李楠.1995.论松科植物的地理分布、起源和扩散[J].植物分类学报,33(2):105～130

[6] 卢德昆,郭廷翘.1983.松柏烯的提取与鉴定[J].林产化学与工业,3(2):43～46

[7] 刘星.1993.世界采脂技术综合评述[J].林产化学与工业,13(增刊):19～26

[8] 鲁吉昌.1981.松脂采割[M].北京:中国林业出版社

[9] 罗嘉梁,朱骏等.1985.高 β-蒎烯的云南松调查研究[J].林产化学与工业,5(4):1～11

[10] 祁承经.1987.湖南植物名录[J].长沙:湖南科技出版社,209～210

[11] 宋湛谦,陈振龙.J. P. Perry.1988.气相色谱法分析松脂[J].林产化学与工业 8(2):10～17

[12] 宋湛谦,梁志勤,刘星,王振洪.1993.中国五针松组松脂化学特征[J].林产化学与工业,13(1):1～8

[13] 宋湛谦,刘星,梁志勤,王文龙.1993.国外引进松树松脂的化学特征[J].林产化学与工业,13(4):277～287

[14] 宋湛谦,刘星,梁志勤,王延.1993.中国采脂树种松脂化学组成的特征[J].林产化学与工业,13(增刊):27～32

[15] 宋湛谦,刘星,梁志勤,唐元达.1993.马尾松及其变种一雅加松松脂化学特征[J].林产

化工通讯,27(1):14～16

[16] 宋湛谦,刘星,梁志勤,周永红.1995.松属种间嫁接对松脂化学组成的影响[J].林产化学与工业,15(1):21～24

[17] 宋湛谦,梁志勤,王延,刘星.1996.俄罗斯主要采脂树种——欧洲赤松松脂化学组成[J].林产化学与工业,16(1):11～14

[18] 宋湛谦,梁志勤,刘星.1998.白皮松松酯化学特征及与分类学关系[J].植物分类学报,36(6):511～514

[19] 宋湛谦,梁志勤.1998.秘鲁松林资源及其松脂化学组成[J].林产化学与工业,18(3):15～18

[20] 宋湛谦,梁志勤.1999.希腊和土耳其的松树资源及其松脂组成[J].林产化学与工业,19(3):7～10

[21] 宋湛谦,侯永发.1999.俄罗斯松香松节油工业概况[J].林产化工通讯,35(1):30～32

[22] 粟子安,梁志勤等.1980.中国松香松节油主要化学组成的研究[J].林业科学,16(3):214～220

[23] 粟子安,翟其骅,梁志勤等.1981.十九种松树树脂化学组成与树种松干蚧危害的关系[J].林产化学与工业,1(3):1～11

[24] 粟子安.1993.中国松脂的化学组成[J].林产化学与工业,13(增刊):33～40

[25] 台湾植物志编辑委员会.台湾植物志[M].第一卷.台湾:现代关系出版社出版,518～525

[26] 王振洪,宋湛谦,商士斌,叶百蕙.脂松香气相色谱定量分析条件的研究[J].生物质化学工程,41(2):11～17

[27] 吴中伦.1956.中国松属的分类与分布[J].植物分类学报,5(3):131～163

[28] 郑万钧.1983.中国树木志(Sylva Sinica Vol.1 Gymnospermae)[M].北京:中国林业出版社,258～306

[29] 中国植物志编委会.1978.中国植物志第七卷(Flora of China, Tomus 7)[M].北京:科学出版社,204～281

[30] 许彬,粟子安.1993.我国采脂事业的回顾与前瞻[J].林产化学与工业,13(增刊):7～13

[31] Arya Y P, Erdtman H, Tabota T. 1961. The structure and stereochemistry of communic acid[J]. Tetrahedron, 16:255～263

[32] Arya Y P, Enzell C, Erdtman H, Kubota T. 1961. Communic acid, a new diterpene acid from Juniperus communis[J]. Acta Chemica Scandinavica, 15:225～226

[33] Critchfield W B, Little E L. 1966. Geographic distribution of the pine of the world [M]. Washington, D.C.: Forest Service

[34] Little E L Jr, Gritchfield WB. 1969. Subdivisions of the Genus Pinus[M]. Washington,

D.C.:USDA Forest Service

[35] Dallimore W, Jackson A B. 1967. A handbook of the coniferae and ginkgoaceae [M]. New York, USA:St. Marin's Press

[36] Dauben W G, Thiessen W E, Resnick P R. 1965. Cembrene, a fourteen-membered ring diterpene hydrocarbon[J]. J.Org. Chem,30:1693～1698

[37] Dauben W G, German V F. 1966.The structure of lambertianic acid[J]. Tetrahedron, 22:679～683

[38] Duffield J W. 1952. Relationships and species hybridization in the genus *Pinus*[J]. Ztschr. f. Forstgenetik u. Forstpflanzen züchtung, 1:93～97

[39] Erdtman H. 1955. The chemistry of heartwood constituents of conifers and their taxonomic importance[M]. Basel/Stuttgart: Separatum, Experientia Supplementum Birkhäuser Verlag,156～180

[40] Erdtman H,Kratzlk,Billek G. 1959. Conifer chemistry and taxonomy of conifers: Symposium Ⅱ[J]. Biochemistry of Wood. Proc. 4th Internal. Cong. Biochem., Vienna,1958,2:1～28

[41] Erik S. 1963. Mass spectrometry of terpenes Ⅱ Monoterpene alcohol[J]. Acta Chemica Sandinavica,17:2504～2512

[42] Erik S.1964. Mass spectrometry of terpenes Ⅲ Monoterpene aldehydes and ketones [J]. Acta Chemica Sandinavica,18:1099～1104

[43] Erik S. 1965. Mass spectrometry of terpenes Ⅳ Monoterpene alcohol[J]. Acta Chemica Sandinavica,19:2083～2088

[44] Gaussen H.1960. Les gymnospermes actuelles et fossiles. Fasc. Vl Les conifèrales. Chap.11 Généralités, Genre Pinus[M]. Tulous:Travaux du Laboratorie Forestier de Toulous

[45] Hegnauer R. 1962. Chemotaxonomic der Pflanzen[M]. Part 1. Basel: Birkhaüser Verlag

[46] Heller S R,Milne G W A. 1978.EPA/WIH Mass Spectral Data Base[M].Vol.2～3, Supplement(1980). National Bureau of Standards U.S.A.

[47] Holmbom B. 1977. Improved gas chromatographic analysis of fatty and resin acid mixtures with special reference to tall oil[J]. J.Am. Oil Chem. Soc.,54:289～293

[48] Joye N M, Lawrence R V. 1963:The isolation of a new diterpene acid[J]. J. of Org. Chem.,28:3274

[49] Joye N M,Roberts E M,Lawrence R V,et al.1965. The Identity of elliotinoic acid and communic acid[J]. J. of Org. Chem,30:429～431

[50] Lange W, Weiβmann G. 1988. Die Zusammensetzung der Harzbalsame von *P*.

sylvestris L. verschiedener Herkünfte[J]. Holz als Roh-und Werkstoff,46(5):157～161

[51] Lu J J,Lin K C, Cheng Y S. 1975. Terpenoids from oleoresin of *P. taiwanensis*[J]. Phyto-Chemistry,14:1375－1377

[52] Mirov N T. 1961. Composition of gum turpentines of pines[R]. USDA Technical Bulletin No. 1239

[53] Mirov N T. 1967. The Genus Pinus[M]. New York:The Ronald Press Company

[54] Martínez M. 1948. Los Pinos Mexicanos[M]. Mexico:Ediciones Botas

[55] Pentegova V A, Lisina A I, Vol'skii L N, Kalistratova E F. 1967. The heartwood extractives of *P. sibirica* 1. Neutral compounds and acids[J]. Ser. Khim. Nauk,3:113～117

[56] Pilger R. 1926. Genus Pinus[M]// Die Natürlichen Pflanzenfamilien, Vol. ⅩⅢ. Engler A, Prantl K. Gymnospermae. Leipzig:Wilhelm Engelmann

[57] Ragnar R,Erik S. 1963. Mass spectrometry of terpenes 1. Monoterpene hydrocarbons[J]. Acta Chemica Scandinavica,1(7):2025～2035

[58] Raldygin V A, Pentegova V A. 1971. 4-Epiisocembrol, a new diterpenoid from oleoresin of *P. koraiensis* and *P. sibirica*[J]. Khim. Prir. Soedin., 7:669－670

[59] Rowe J W. 1969. The Common and systematic nomenclature of cyclic diterpenes [D],USDA Forest Service Forest Products Laboratory Madison. U.S.A.

[60] Shaw G R. 1914. The genus Pinus (Arnold Arboretum Pub. No.5)[M]. Boston: Houghton Mifflin Co.

[61] Shaw G R,1924. Notes on the genus Pinus[J]. Arnold Arboretum Jour., 5:225～27

[62] Smith P M. 1976. The chemotaxonomy of plants[M]. Edward Arnold, UK:Mcgill-Queen's University Press

[63] Song Z,Liang Z,Liu X. 1990. Chemical characteristics of oleoresins of Chinese pine species:International Symposium on Chemistry and Utilization of Tree Extractives, Nanjing, China[C].

[64] Song Z, Liang Z, Liu X, et al. 1992. Chemical characteristics of oleoresin of *P. densata*[J]. Chemistry and Industry of Forest Products,12(2):93－99

[65] Song Z, Liang Z, Liu X, et al. 1993. Chemical characteristics of pine oleoresins in Chinese sect. *Pinus*[J]. Chemistry and Industry of Forest Products, 13(2):97－102

[66] Song Z,Liu X,Liang Z. 1993. Chemical composition of oleoresins from Chinese pine species for gum rosin production[J]. Naval Stores Review, 103(2)(3～4):6～9

[67] Song, Liang, Liu. 1995: Chemical characteristics of oleoresins from Chinese pine species[J]. Biochemical Systematic and Ecology,23(5):517～522

[68] Stenbagen E, Abrahamsson S, Mclefferty F W. 1974. Registry mass spectral data [M]. Vol. 1～3. New York:John Wiley & Sons Inc.

[69] The mass spectrometry data centre. 1983. Eight peak index of mass spectra[M]. 1～3rd ed. Nottingham, UK:Unwin Brothers ltd.

[70] Walter G R. 1972. Biochemical application of mass spectrometry[J]. New York: Wiley-Interscience,351－385

[71] Waller G R,Derner O C. 1980. Biochemical applications of mass spectrometry[M]. 1st supplementary volume. New York:wiley,173～209

[72] Weiβmann V G. 1974. Merkusins äure, eine dicarbonsäure im balsam von Pinus merkusii[J]. Holzforschung,28(5):186～188

[73] Weiβmann V G. 1977. Composition and properties of oleoresin of *P. merkusii* from Indonesia[J]. Naval Stores Review,87(5):6～8

[74] Weiβmann V G. 1988. Investigation of *P. tabulaeformis* Carr. oleoresin[J]. Chemistry and Industry of Forest Products, 8(2):1～9

[75] Wheeler J W, Shonowo O O. 1974. Mass spectra of bicyclic terpenoid ketones[J]. Org. Mass Spectrometry,9:1173～1181

[76] Yasuhide. 1973. Spectral atlas of terpenes and the related compounds[M]. Tokyo: Hirokawa Publishing Co., Inc.

[77] Zinkel D F,Zank L C,Wesolowski M F. 1971. Diterpene resin acids, a compilation of IR, MS, NMR, UV spectra and GC retention data[D]. USDA Forest Products Laboratory, Madison. USA

[78] Zinkel D F. 1975. Tall oil precursors — an integrated analytical scheme for pine extractives[J]. Tappi,58:109～111

[79] Zinkel D F. 1983. Quantitative separation of ether-soluble acidic and neutral materials [J]. J. of Wood Chemistry and Technology,3(2):131～143

[80] Zinkel D F. 1989. Research method[M]// Naval Stores Production, Chemistry, Utilization. Zinkel D F. Russell J. New York:Pulp Chemicals Association Inc,803～845

作者简介

宋湛谦（1942～　），林产化学加工专家，中国工程院院士。1964年毕业于中国科学技术大学高分子化学系。1983年至1985年和1996年赴美国进修。1986年被授予"国家级有突出贡献中青年专家"称号。1999年当选为中国工程院院士。现为国务院学位委员会学科评议组召集人、国家林业局专家咨询委员会委员、中国林业科学院首席科学家、林产化学化工学会理事长和《林产化学与工业》杂志主编。

长期从事生物质资源化学与利用研究，是我国林产化学加工工程学科带头人，松脂产业工程化系列开发的开拓者，并系统研究了国内外60多种松树松脂的化学特征及其与松属化学分类的关系。曾主持完成国家、省部级项目40余项。获得国家科技进步二等奖3项和三等奖1项，省部级奖励14项。出版专著1部——《中国松脂特征与松属分类》，这是国内外第一部关于松树化学分类的著作。参与编写著作2部。发表学术论文200多篇。培养博士生20余名。国内外发明专利授权12项。

Brief Introduction of the Author

Song Zhanqian (1942～), Expert in forest chemical engineering, academician of the Chinese Academy of Engineering and chief scientist of Chinese Academy of Forestry. Graduated in the University of Science and Technology of China in 1964. Advanced studied in UC — Berkeley in 1983～1985 and Forest Products Laboratory in 1996 in US. Now he is the director of council of the Chinese Society of Chemistry and Chemical Engineering of Forest Products and chief editor of *Chemistry and Industry of Forest Products*.

Engaged in research work in chemical processing and engineering development of forest. He studied first chemical deep-processing and engineering development of gum oleoresin in China. He studied systematically the chemical characteristics of gum oleoresins and chemotaxonomy of pine species in genus pine. Awarded 18 Prizes of Science and Technology Progress of Nation, Ministry and Province. Published 200 papers and 1 book. 12 patents were got from China and abroad.